气候变化背景下宁夏引黄灌区水资源配置研究

王战平　田军仓　著

·北京·

内 容 提 要

本书针对宁夏引黄灌区水资源短缺与利用效率低并存这一问题，开展气候变化背景下宁夏引黄灌区水资源配置研究。主要研究内容包括：利用 GIS 和 RS 等技术，建立引黄灌区的 SWAT 分布式水文模型，并利用该模型对引黄灌区气候变化和土地利用变化情景下径流的可能变化情况进行分析，得出降水、气温及土地利用的变化对径流的影响程度；以促进引黄灌区社会、经济、环境等综合效益最大化为目标，建立基于可持续发展的宁夏引黄灌区水资源优化配置模型，并针对此模型发展基于种群熵的具有衰落扰动指数的粒子群优化算法的多目标模型求解技术，以确定不同规划水平年不同降水频率下水资源优化配置方案。

本书可作为水利水电工程专业博士生、硕士生的参考书，也可供从事水资源优化配置研究的理工科教师及科技人员参考。

图书在版编目（CIP）数据

气候变化背景下宁夏引黄灌区水资源配置研究 / 王战平，田军仓著. -- 北京 : 中国水利水电出版社，2021.10

ISBN 978-7-5226-0025-3

Ⅰ. ①气… Ⅱ. ①王… ②田… Ⅲ. ①黄河－灌区－水资源管理－资源配置－研究－宁夏 Ⅳ. ①TV213.4

中国版本图书馆CIP数据核字(2021)第201619号

策划编辑：石永峰　　责任编辑：王玉梅　　封面设计：梁　燕

书　名	气候变化背景下宁夏引黄灌区水资源配置研究 QIHOU BIANHUA BEIJING XIA NINGXIA YINHUANG GUANQU SHUIZIYUAN PEIZHI YANJIU
作　者	王战平　田军仓　著
出版发行	中国水利水电出版社 （北京市海淀区玉渊潭南路 1 号 D 座　100038） 网址：www.waterpub.com.cn E-mail：mchannel@263.net（万水） sales@waterpub.com.cn 电话：（010）68367658（营销中心）、82562819（万水）
经　售	全国各地新华书店和相关出版物销售网点
排　版	北京万水电子信息有限公司
印　刷	三河市华晨印务有限公司
规　格	170mm×240mm　16 开本　12 印张　168 千字
版　次	2021 年 10 月第 1 版　2021 年 10 月第 1 次印刷
定　价	64.00 元

前　　言

本书得到宁夏重点研发计划项目（2020BEG03021）、宁夏高等学校一流学科建设（水利学科）资助项目（NXYLXK2021A03）、宁夏高校一流学科建设项目：数学的资助。

随着经济社会的快速发展，宁夏引黄灌区水资源的需求量日益增加，供需矛盾越来越突出，水资源短缺已经成为制约引黄灌区社会经济发展的瓶颈；引黄灌区取水总量为 $65\times10^8m^3$，其中农业用水占 90%，灌溉水利用率仅为 46%。农业用水比重偏高，利用效率低。本书针对宁夏引黄灌区水资源短缺与利用效率低并存这一问题，采用模拟与优化相结合的方法，对引黄灌区的水资源优化配置进行了研究。基于 GIS 和 RS 等先进工具，建立引黄灌区的 SWAT 模型，并将此模型应用到灌区水资源管理中；在对引黄灌区水资源条件和水资源开发利用现状调查的基础上，以促进区域社会、经济、环境等综合效益最大化为目标，建立基于可持续发展的区域水资源优化配置模型，利用改进的粒子群算法对该模型求解，确定了不同规划水平年不同降水频率下水资源优化配置方案，为宁夏引黄灌区水资源的管理提供理论依据。主要内容如下：

（1）通过调查研究宁夏引黄灌区的自然地理概况、社会经济概况以及水资源开发利用现状，找出引黄灌区水资源开发利用过程中存在的问题。

（2）基于 SWAT 模型构建引黄灌区分布式水文模型，利用引黄灌区 1990－2017 年的气象、水文等资料进行模拟，以相对误差、相关系数和纳什效率系数 3 个指标为标准，以 2006－2012 年实测月径流量和输沙量对模型的敏感参数进行率定，并以 2013－2017 年的实测月径流量和输沙量对模型进行验证。研究结果表明，站点的模拟结果基本满足模型评价要求，说明 SWAT 模型适用于引黄灌区的径流和泥沙负荷模拟，可以为引黄灌区的水资源管理提供决策依据。

（3）运用 SWAT 模型对引黄灌区气候变化和土地利用变化情景下径流的可能变化情况进行分析，得出降水和气温的变化对径流的影响程度；引黄灌区不同土地利用类型产流量的排序为耕地>林地>草地。

（4）以 2015 年为现状水平年，在考虑节水措施的基础上，对规划水平年 2025 年引黄灌区的经济社会发展进行预测，利用定额法预测引黄灌区规划水平年农业、工业、生活和生态需水量。用已建立的引黄灌区 SWAT 模型对径流量进行预测，从而预测不同规划水平年的可供水量，进而对引黄灌区不同规划水平年的水量进行供需平衡分析。

（5）根据水资源优化配置的理论与原则，以经济、社会和环境的综合效益最大化为目标，建立宁夏引黄灌区水资源优化配置模型，确定模型的相关参数后，利用改进的粒子群算法对这个多目标配置模型求解，从而得到 2025 规划水平年 50%、75%、90%三个降水频率下的优化配置结果，并对优化配置结果进行分析，从而对宁夏引黄灌区水资源的管理提出对策和建议。

由于编者水平有限，加之时间仓促，书中疏漏甚至错误之处在所难免，恳请读者批评指正。

王战平

2021 年 8 月

目　录

前言
第1章　绪论 1
1.1　研究背景及意义 1
1.1.1　水资源危机 2
1.1.2　水资源概况 2
1.1.3　研究意义 5
1.2　国内外研究概况 6
1.2.1　国外水资源优化配置研究进展 6
1.2.2　国内水资源优化配置研究进展 9
1.2.3　水资源优化配置研究存在的问题 15
1.2.4　水资源优化配置研究的发展趋势 16
1.3　研究目标及主要研究内容 18
1.3.1　研究目标 18
1.3.2　主要研究内容 19
1.4　技术路线 21
1.5　小结 23
第2章　研究区概况及用水现状分析 24
2.1　基本概况 24
2.1.1　自然地理概况 24
2.1.2　资源与环境 26
2.1.3　社会经济概况 29
2.1.4　水资源概况 33
2.2　水资源开发利用现状 38
2.2.1　供水系统 38
2.2.2　用水系统 40
2.2.3　开发利用存在的问题 41
2.3　小结 43
第3章　利用SWAT模型构建引黄灌区分布式水文模型 44
3.1　SWAT模型概述 44
3.2　SWAT模型基本原理 45
3.3　SWAT模型数据库的构建 48
3.3.1　DEM数据 48
3.3.2　土地利用数据 48
3.3.3　土壤数据 51

3.3.4 气象数据……58
3.3.5 水文响应单元划分……59
3.4 SWAT 模型的率定和验证……59
3.4.1 模型参数率定……61
3.4.2 模型验证……65
3.5 小结……68
第 4 章 气候和土地利用变化对流域径流的影响……70
4.1 气候变化对流域径流的影响……70
4.1.1 气候变化对水文水资源的影响……71
4.1.2 气候变化的情景设计……72
4.1.3 模拟结果与分析……74
4.2 土地利用变化对流域径流的影响……76
4.2.1 土地利用变化对水文水资源的影响……77
4.2.2 土地利用变化的情景设计……78
4.2.3 模拟结果与分析……79
4.3 小结……80
第 5 章 宁夏引黄灌区社会经济发展及供需水预测……81
5.1 引黄灌区社会经济发展目标……81
5.2 引黄灌区社会经济发展指标预测……81
5.2.1 人口及城镇化水平……81
5.2.2 经济发展与产业结构……82
5.2.3 第一产业与种植结构……83
5.3 宁夏引黄灌区需水预测……85
5.3.1 引黄灌区农业需水预测……86
5.3.2 引黄灌区工业需水预测……97
5.3.3 引黄灌区生活需水预测……100
5.3.4 引黄灌区生态环境需水预测……106
5.3.5 引黄灌区不同水平年需水量预测成果及分析……107
5.4 宁夏引黄灌区可供水量预测……110
5.4.1 供水方案……110
5.4.2 基于 SWAT 模型的径流量预测……111
5.4.3 可供水量预测……112
5.5 宁夏引黄灌区水资源供需平衡分析……114
5.6 小结……116
第 6 章 区域水资源优化配置理论及多目标模型求解……117
6.1 水资源优化配置理论……117
6.1.1 水资源优化配置基本概念……117
6.1.2 水资源优化配置基本原则……118
6.1.3 水资源优化配置手段……120

6.1.4 水资源优化配置属性……121
6.1.5 水资源优化配置任务及目标……122
6.2 区域水资源优化配置模型建立……123
6.2.1 子区划分、水源及用水部门组成……123
6.2.2 目标函数……124
6.2.3 约束条件……125
6.2.4 总体模型……127
6.3 区域水资源优化配置模型求解……128
6.3.1 模型特点……128
6.3.2 水资源配置优化算法……128
6.3.3 智能优化算法的比较……130
6.4 小结……131
第7章 基于改进粒子群算法的宁夏引黄灌区水资源优化配置……132
7.1 宁夏引黄灌区水资源优化配置模型建立……132
7.1.1 子区划分、水源及用水部门组成……132
7.1.2 目标函数与约束条件……133
7.1.3 总体模型……133
7.1.4 模型参数确定……134
7.2 改进的粒子群算法求解……142
7.2.1 粒子群算法基本思想与原理……142
7.2.2 多目标规划的粒子群求解……143
7.2.3 粒子群算法的行为参数设置……148
7.2.4 粒子群算法的改进……149
7.3 引黄灌区水资源优化配置结果……155
7.4 结果分析……165
7.4.1 配水量……165
7.4.2 缺水量……166
7.4.3 配置目标结果分析……167
7.4.4 适用性分析……168
7.5 建议……168
7.6 小结……169
第8章 结论及展望……170
8.1 研究成果……170
8.2 主要创新点……172
8.3 展望……173
参考文献……174

第1章　绪论

1.1　研究背景及意义

水资源是人类生存和社会可持续发展不可缺少的自然资源，水资源的合理开发利用关系到全球社会经济的发展。随着经济社会的快速发展和世界人口的不断增长，人类对水资源的需求无论是量还是质都越来越高，水资源问题已从一些缺水国家和地区的局部问题发展为全球性问题[1,2]。美国《时代》周刊 2001 年 5 月曾刊登题为《世界出现干旱危机》一文，指出全球气候变暖是人类面临的第一大问题，而水资源短缺是人类面临的第二大问题。在水资源开发利用过程中出现了各种问题，节水技术的提高使水资源的开发利用水平相应提高，但是随着人口和社会经济的发展，人类对水资源的需求量越来越大，从而导致水资源供需矛盾日益突出。同时由于人类的节水意识及对水资源保护程度低，出现了水资源利用效率低、水资源过度开发利用、浪费严重、生态环境遭到破坏等现象，从而造成一些负面影响，如干旱和洪涝灾害频繁发生及土地荒漠化等现象。

近些年，黄河频繁断流、江河湖海水污染、北方地区沙尘暴及 1998 年嫩江和长江特大洪水等现象受到全世界的关注，人们越来越清楚地意识到在众多自然资源中，水资源对于社会发展和人类进步是至关重要的，水资源短缺问题会影响到国家和地区的和平。水资源是有限的，为了满足社会经济发展过程中对水资源的需求，保证人类社会和经济的可持续发展，人类必须对水资源合理开发和利用，最终实现水资源利用开发与经济社会、生态环境的协调发展。因此，探讨 21 世纪水资源的相关科学问题是全球共同关注的重要议题之一[1]。

1.1.1 水资源危机

水资源危机包括两方面含义：一方面是在社会经济发展过程中，可利用的水资源数量较少，不能满足工业、农业、生活及生态等需水量要求，甚至连最基本的生活用水都难以保障，即资源性缺水；另一方面是由于开发利用不合理，或是现有的淡水资源遭到破坏和污染，从而无法保证供给人类正常使用，即水质性缺水或工程性缺水。正如英国最新调查数据表明，全球有百分之四十的人口（约25 亿）无法得到饮水安全，世界上每天有 6000 名儿童死于饮用水污染导致的疾病[3]，这都是水质性缺水的表现。

近些年来，水资源供需失衡，需大于供，多地频现水资源危机，水资源危机受到国际社会的高度重视。淡水紧张和使用不当，对可持续发展和环境保护构成严重且不断增长的威胁[4]，水资源正在取代石油成为在世界范围引起危机的主要资源[5]，联合国《世界水资源综合评估报告》早已指出，水资源短缺问题将成为全球经济和社会发展的主要问题之一，并成为导致国家和地区之间冲突的原因之一[6]。在干旱或半干旱地区水源地的使用权可能成为两国间战争的导火线[7]。

1.1.2 水资源概况

地球上水的储量很大，全球水资源总量约为 $1.4\times10^{18}m^3$，但这其中有 97%是海水或咸水，淡水只有 2.66%。在这些淡水中，有 76.5%分布在地球两极和冰川中，还有 22.9%是土壤中的水分或者是储存在地下深层的水，而这些水均不易供人类开采及使用。所以，人类能够开采使用的淡水（即江河、湖泊、水库以及埋深较浅易于开采的地下水）比例是全球淡水的 1%，约占全球水储量的 0.007%。

20 世纪以来，全球经济发展用水量不断增加。过去的 100 年中，全球经济增长较前增长了 20 倍，人口增长了约 3 倍，但是全球用水量却增长了 10 倍。20 世纪中叶，全球年人均拥有水资源量为 16800m^3，到 1995 年这个指标则降到了 7300m^3。预计到 2025 年，全球年人均拥有水资源量将会降至 4800m^3[8]。由于生活水平的差异，每人每天的生活用水量区间也很大，一般为 20～500L。全世界有三分之二的人口（主要分布在非洲和亚洲）人均日用水量小于 50L，有 4%的人口人均日用水量达 300～400L（美国约为 580L）。目前，全世界仍有 35%的城市人口、65%的农村人口没有供水系统，农业灌溉用水的增加，灌溉系统的不合理、低效、可靠性差等问题得不到解决，以及污水排放严重，导致世界人口中有 12 亿人喝不上干净卫生的水。

我国的淡水资源总量约为 2.8 万亿 m^3，约占全球淡水资源量的 6.7%，属水资源短缺国家之一，水资源总量位列巴西、俄罗斯、加拿大、美国和印度尼西亚之后，为世界第六位，但根据 2000 年人口统计，我国人均水资源量为 2171m^3，相当于全球人均占有量的 1/4，在 153 个国家和地区的人均水资源排位中居 121 位。

我国水资源呈现出时空分布不合理、开发利用率高[9]、利用效率低、供需矛盾突出[10]、浪费严重等特点。水资源短缺，给很多产业的发展带来巨大的负面影响，如农业难以高产，工业难以布设，矿藏难以开发，甚至通信交通、文教、卫生事业等方面的发展也受到了间接的影响[11]。由于时空分布的不均匀性，我国洪涝干旱频繁发生。对此我国进行了各种类型和规模的水利建设，如跨流域调水、拦河筑坝建库等措施，在一定程度上减轻和消除了洪涝、干旱的威胁，但不能从根本上解决问题。政府必须要在水资源开发利用上有所作为，不能单纯依靠工程措施来提高水资源供应能力，而应该在管理上建立适应我国水利国情的政策和技术措施，最大限度地保证水资源供应，使之满足我国国民经济迅速发展的需要，这样水资源危机才不至于成为所有资源问题中最为严重的问题[9]。

宁夏是我国水资源最少的省区，大气降水、地表水和地下水都十分匮乏，且空间上分布不均、时间上变化大是宁夏水资源的突出特点。

宁夏属典型的大陆性气候，年平均降水量 289mm，蒸发量 1250mm。全区当地水资源总量11.63亿m^3，其中当地地表水资源量9.49亿m^3，当地地下水资源量2.14亿m^3，人均占有当地水资源量190m^3，仅为全国和黄河流域人均占有量的十分之一和三分之一。

根据国务院“八七”黄河分水方案，在南水北调工程生效之前，每年分配给宁夏可利用的黄河地表水资源量为40.0亿m^3，其中黄河干流分配37.0亿m^3，支流分配3.0亿m^3（为宁夏境内清水河流域1.0亿m^3、泾河流域1.3亿m^3、葫芦河0.7亿m^3的当地地表水可利用量）。

宁夏当地可利用的地下水资源量为1.5亿m^3。全区水资源可利用总量为41.5亿m^3，人均占有水资源可利用量为664m^3，亩均占有水资源可利用量为248m^3。

随着经济社会的快速发展和新一轮西部大开发战略的实施，宁夏引黄灌区的水资源短缺问题越来越严重，已明显成为制约宁夏引黄灌区经济发展的主要因素之一。由于种种原因，宁夏引黄灌区水资源的开发、利用、保护、节约、配置及治理方面的基础设施建设相对比较薄弱，水资源的高效利用和优化配置的研究亟待加强。

宁夏引黄灌区水资源在人均占有量和地域分布上存在先天不足，人均占有量明显偏低、地域分布不均，主要表现为南少北多。由于对水资源缺乏科学合理的开发及利用，由此造成水资源的严重浪费和破坏，对于社会的经济、农业、工业等各方面发展带来很多限制。因此，开展宁夏引黄灌区水资源优化配置研究，对宁夏引黄灌区的工业、农业、生活、生态用水需求进行深入调查分析，提出水资源优化配置方案，探索适宜于宁夏引黄灌区水资源优化配置的方法和对策，对缓解供需水矛盾，促进宁夏引黄灌区各支柱产业的健康稳定和可持续发展具有重要影响，从而建立水资源开发利用的良性循环机制，对于保护和恢复自然生态环境，保障社会经济的可持续发展具有重要意义。

1.1.3 研究意义

水资源优化配置是基于水资源开发利用对社会经济、生活、生态等方面影响的基础上，以系统分析理论和优化技术为手段，将有限的水资源在各子区和各用水部门间进行有效合理分配，从而达到获得最佳综合效益的目的[12]。具体研究意义有如下 5 点：

（1）促进水资源高效合理利用。可利用的水资源总量是不变的，而水资源优化配置要在不增加供水量、不减少需水量的条件下，使综合效益最大化。水资源优化配置在调整产业结构的基础上，以优化方法和模拟技术为手段，减少水资源单耗量大用水部门的占有量，将节省下来的水资源用于其他需水行业或部门，这是未来我国水利工作的首要任务[13]。以水资源优化配置为手段，同时建设利用效率高、综合效益高、耗水相对小的行业或部门，不断提高水资源利用效率，从而使水资源得到有效合理利用。

（2）促进经济、社会、资源和生态环境协调发展。社会是不断发展的，而且社会的发展是多方面的。环境与水资源是密切相关、有机衔接的整体，彼此影响。经济增长型的水资源配置方式，在经济得到快速增长的同时，对生态环境也带来了负面影响，所以在社会经济发展的过程中要充分考虑水资源的可持续利用。只有社会、资源、环境和经济相互协调发展才是最佳发展模式，才能保证资源的可持续利用，这样才能促进经济不断增长和社会的可持续发展[14]。

（3）促进工程水利向资源水利的转变。针对水资源供需矛盾这一问题，目前最有效合理的解决办法就是水资源优化配置。在水资源优化配置过程中，虽然无法从数量上增加或减少水资源量，但可以使相关的科学技术渗透到水资源管理工作中，不断促进工程水利向资源水利转变，同时可以逐步提高管理者的科学意识和管理水平 [15]。

（4）促进多目标优化理论的发展和完善。区域或流域水资源系统的复杂性和水资源开发利用的多功能性要求多部门参与水资源配置决策，这就决定了水资源合理配置的多目标决策特性。由于问题的复杂性，动态规划、线性规划和非线性规划等传统方法的使用受到了明显限制，而模拟退火、遗传算法、神经网络等新的智能优化算法为解决复杂的优化问题提供了新的思路和手段。所以探讨智能优化算法在水资源优化配置中的应用就变得非常重要[16]。

（5）对其他资源分配问题具有一定的参考价值。相似性是实际生活中资源优化配置问题都具有的一个特点，水资源的优化配置模型及其求解方法对解决其他资源配置问题也具有一定的帮助作用。

1.2 国内外研究概况

1.2.1 国外水资源优化配置研究进展

将系统分析方法应用于水资源规划和管理的工作，最早开始于美国，而且美国在这一领域的研究涉猎面非常广。1950 年，美国水资源政策委员会的报告最早阐述了水资源开发、利用及保护问题，该报告对于推动行政管理部门进一步开展水资源方面的调查研究工作具有重要意义[17]。1960 年，科罗拉多几所大学的研究人员最早对满足未来各行业需水量及计划需水量的估算进行了研究，把水资源优化配置的思想最早体现在实际研究工作中[18]。之后，哈佛水资源纲要的研制工作对水资源优化配置做出了很大贡献，研究者运用运筹学理论建立水资源系统模型并寻求理论上的最优解。1962 年出版的《水资源系统设计》，以及大量的运筹学在水资源工程上应用的研究[19-23]为系统分析在水资源优化配置中的应用奠定了完善的理论基础。

20 世纪 70 年代，随着计算机的发展，以动态规划、线性规划、非线性规划及模拟技术方法为基础的水资源系统分析发展迅速，关于水资源优化配置的研究成果越来越多，如 D. H. Marks 在 1971 年用线性决策模型描述水资源系统问题；Buras 在 1972 年运用数学规划理论及其计算手段系统研究了水资源分配理论与方法；Maddock 在 1974 年利用响应矩阵法建立了一个河流－含水层系统的联合管理模型[24]；L. Becker 和 W. W-G. Yeh 在 1974 年对水资源多目标问题进行了研究[25]；Y. Y. Haimes 在 1975 年运用多层次管理技术对地表水库、地下含水层的联合调度进行了研究，把模拟技术向前推进了一步[26]。联合国在 1978 年成立了国际水文规划委员会（IHP），为解决全球的水资源优化配置问题进行了与水资源保护及其综合利用等经济、社会方面的研究，考虑了水文学与水资源规划和管理的联系。在此期间，美国对河道内用水现状进行了分析，研究了需水量及可供水量，并对未来需水进行了预测，同时也研究了地表水供水不足、地下水超采、水源污染、饮用水质量等问题，完成了美国第二次水资源评价工作，并对这些问题提出可能的解决方法[27]；同年，J. M. Shafer 和 J. W. Labadie 提出了流域管理模型。1979 年，美国麻省理工学院（MIT）对阿根廷河 Rio Colorado 流域水量的利用进行了相关研究，同时给出了水资源规划的数学模型方法，提出了多目标优化理论[28]。

20 世纪 80 年代，水资源优化配置的研究范围逐步扩大，深度逐渐加深，N. 伯拉斯著的《水资源科学分配》一书全面而系统地研究了水资源配置的理论及方法。1982 年，荷兰学者 E. Romijn. M. Taminga 建立的 Gelderlandt Doenthe 多层次模型考虑了水资源量的分配问题，在水资源的多用途和多利益的关系基础上，对水资源优化配置问题进行了研究，体现了水资源配置问题的多目标和层次结构特点[29]；同年，英国学者 P. W. Herbertson 针对潮汐电站的特点，在充分考虑多种利益相互矛盾的基础上，在对潮汐海湾的新鲜水进行分配时应用了模拟模型和模拟计算[30]；Pearson 以产值最大为目标，以预测需水量和输水能力为约束条件，利用多个水库的控制曲线，用二次规划方法对英国 Nawwa 区域的水资源优化配置问题进行了研究[31]。D. P. Sheer 在 1983 年利用模拟和优化相结合的办法，建立了华盛顿特区城市水资源配置系统；第九届世界气象会议也在 1983 年通过了世界气象组织和联合国教科文组织的水文和水资源计划这一协作项目，预测了各行业经济可用水量和毛用水量，从而保证对水资源质和量的综合评价[32]。日本在 1984 年完成了水资源利用、开发及现状评价（包括天然水资源的估算、用水需求、水资源开发利用及水价、缺水情况的对策研究）。G. Yeh 在 1985 年发表一篇论文，综合阐述了 20 世纪 60 年代以来水库运行及管理的数学模型，并分析了各类模型的特点、适用条件及其缺陷。Willis 在 1987 年用线性规划法求解了 4 个地下水含水单元与 1 个地表水库构成的地表水、地下水运行管理问题，目标为当供水不足时缺水损失最小或供水费用最少，地下水运动用基本方程的有限差分式表达，同时用 SUMT 法求解了 1 个水库与地下水含水层的联合管理问 题[33]。

20 世纪 90 年代以来，人们对水质和水量的要求越来越高，传统的以经济效益和水量最大化为目标的水资源优化配置模式已明显过时，国外的研究学者开始注重生态环境效益、水质约束以及水资源可持续利用等方面的综合研究，更加全面地考虑水资源系统特征以及和经济、社会、生态环境等因素的优化配置问题[34]。随着新技术的出现和水资源质与量统一管理研究的不断深入，水资源质与量统一管理方法的研究有了长足发展。Afzal 等在 1992 年针对巴基斯坦某地区的灌溉系统建立了线性规划模型，对不同水质的水量使用情况进行了优化配置[35]。Watkins 等在 1995 年介绍了一种伴随风险和不确定性的水资源优化配置模型，其建立的水资源联合调度模型具有一定的代表性[36]；同年，世界银行在总结各种水资源配置模型及配置方法实用性的基础上，以经济目标为主要导向，在深入分析用水部门及各方利益的基础上，研究了水资源优化配置的机制；Rao Venmuri. V 利用峰值与决策变量不同集合之间的效用关系，对适于多峰搜索的基于排挤的小生境遗传算法（MNCGA）进行了研究，将其应用于含水层污染治理研究当中，扩展了遗传算法在多目标决策中的应用[37]。Carlos Pereia 和 Gideon 在 1997 年考虑不同用水部门对水质的要求不同的基础上，以经济效益最大化为目标，建立了以色列南部 Eilat 地区的多水源水资源管理模型，包含地表水、地下水、污水等多种水源[38]；

Wong Hugh. S 等在需水预测中，充分考虑了当地地表水、地下水、外调水等多水源的联合运用，综合考虑多种影响因素，提出支持地表水、地下水多水源联合运用的多目标多阶段优化管理的原理和方法[39]。M. Wang 在 1998 年考虑地下水最优开采率随水流状态变化而变化的基础上，建立了地下水模拟优化的混合模型，研究智能优化算法在地下水资源优化管理中的应用[40]。1999 年，Kumar 提出了流域水质管理的经济和技术上的可行方案，建立了污水排放模糊优化模型[41]。

近些年，遗传算法（Genetic Algorithm，GA）和模拟退火算法（Simulated Annealing，SA）等新优化算法的兴起对水资源优化配置模型的求解起到积极的作用。Morshed、Jahangir 等于 2000 年在回顾遗传算法在非凸、非线性、非连续问题应用的基础上，以一个具有固定和变化费用的地下水优化问题为例，将遗传算法进行了改进，并比较了改进遗传算法所得的最优解与传统的非线性规划方法所得到的解，以及改进方法对遗传算法中各个参数的敏感性[42]。在此期间，水资源系统规划管理软件得到了长足发展，为水资源优化配置提供更多工具[43]。2002 年，Mc Kinney 提出基于 GIS 系统的水资源模拟系统框架，做了流域水资源配置研究的尝试[44]。在可持续发展理论指导下，单纯的市场机制或政府行政手段都难以满足优化配置的要求，应建立综合的水资源配置机制，保证社会、经济、水资源、生态环境协调发展[45]。2007 年，D. Khare 研究了水资源分配方案的评估问题[46]。2013 年，D. Rani 将 3-遗传算法应用到水资源系统中[47]。2014 年，L. Read 研究了水资源的优化及稳定问题[48]。

1.2.2 国内水资源优化配置研究进展

20 世纪 60 年代，中国水利水电科学研究院对发电水库的调度进行了研究；80 年代，南京水文水资源研究所对北京地区的水资源开发利用进行了研究，标志着我国水资源优化配置研究的开始。国内水资源优化配置的研究可分为下述 4 个阶段。

1. 探索阶段

我国的水资源分配研究以20世纪60年代以水库优化调度为先导。水资源评价方法是“六五”期间的重要工程项目，是水资源优化配置研究的基础。在此期间，水资源的研究方法相对简单，如模糊数学、最小成本法等，对水库水量的研究相对多一些。谭维炎等在1982年应用动态规划与马尔科夫决策过程理论，研究了一个具有长期调节水库的水电站和若干个径流式水电站在电力系统中联合运行的最优调度图，以及各种运行特性的计算问题[49]。吴信益在1983年率先将模糊数学应用于水库调度领域[50]。鲁子林在1983年系统介绍了水库群最优调度的网络模型，并对应用网络法解库群调度提出了一些改进办法，对于水库较多的水利系统，该方法优点更为明显[51]。1984年，张勇传等用模糊集理论研究水电站水库优化问题，并讨论了优化调度的模糊决策问题，建立了适应型水库调度模型，提出了预报归纳演绎综合法和来水的聚类分析方法[52]。1986年，王丽萍、冯尚友提出将网络分析法与模矢探索技术结合起来的网络模矢法，克服了网络分析法不适用于求解长期发电水库优化调度的缺点[53]。1987年吴炳方应用系统工程理论和方法，研究水库群联合调度的多种兴利目标问题，按目标的主次顺序建立了具有优先权结构的以年为周期的优化调度数学模型[54]。

除了对水库的调度研究之外，水资源研究范围逐步扩展到长江、汉江和平湖等。胡振鹏、冯尚友于1988年针对防洪系统的联合调度建立了一个动态规划模型，利用汉江流域洪水的实际预报过程检验了动态规划模型的实用性和有效性[55]。白宪台等在1990年应用大系统分解聚合原理和随机规划方法为平湖区水资源系统除涝优化调度建立了一个具有两层递阶结构的SLP-SDP模型[56]。

这一阶段对水资源的研究有重大突破，研究侧重于单个水库、水库群及灌区等的实时调度，主要对象是水利工程，包括灌溉、防洪等。这一时期的水资源研究考虑到了工程效益的最大化，但没有形成一个完整的体系，缺乏实际经验及理论研究，所以水资源评价水平相对较低。

2. 发展阶段

国家“七五”期间科技攻关计划项目研究水资源优化配置时考虑到了经济技术等因素，国家“八五”重点科技攻关黄河项目“华北地区宏观经济水资源规划管理研究”的完成，标志着水资源合理配置理论方法体系框架的基本形成，对水资源系统分析取得了很大的进步。“八五”科技攻关计划项目“黄河流域水资源合理分配及优化调度研究”，详细研究了黄河流域水资源开发利用问题、流域水资源的优化配置问题、黄河干流水库的联合调度模型，为流域水资源合理配置和统一管理提供了有价值的经验。此后，越来越多的学者开始研究这一领域，多目标水资源优化配置模型得到了进一步发展。1993 年，刘健民等针对京津唐地区水资源大系统供水规划和调度问题，应用大系统递阶分析的原理和方法，提出模拟技术和优化方法相结合的求解方法，建立了京津唐地区水资源大系统供水规划和调度优化三级递阶模型和三层递阶模拟模型[57]；同年，陈守煜等将模糊优选理论、非线性优化技术与随机动态规划原理结合起来，提出了多目标模糊优选随机动态规划（MOFOSDP）水资源系统的数学模型，并验证了多目标模糊优选随机动态规划的可行性与合理性[58]；费良军等在 1993 年应用系统工程的理论和方法，建立了多目标、确定性的蓄、引、提、灌及发电水资源系统的联合优化调度数学模型，将逐步优化法和混合试探法有机结合求解联合优化调度数学模型[59]。结合一些数学方法和大系统理论，对水资源的研究越来越深入。一些数学方法，如层次分析法、遗传算法、多目标线性回归法等用于研究流域和区域水资源配置[60-66]。

同时，研究技术也取得了很大进步，计算机和 3S（GIS、GPS、RS）技术的应用，对水资源优化配置的研究手段和领域起到了积极作用，提供了更好的数据处理和仿真的方法。地理信息系统（GIS）实现了数据管理和水资源配置的决策支持系统（DSS）。1992 年，陈守煜研究了黄河防洪决策支持系统多目标多层次对策方案的评估与选择，研究了系统方案中的决策分层、特征指标的确定、决策方案评估的模糊优选理论与模型以及总结专家经验的模糊数学方法[67]。同年，翁文斌等采用系统论观点对京津唐地区水资源规划的多目标、大时空跨度问题进行了分析，并采用原型方法建立了京津唐水资源规划决策支持系统，系统由交互式对话子系统、数据库、模型库、方法库和知识库组成，全面介绍了京津唐水资源决策支持系统的逻辑和结构[68]。1996 年，胡四一等针对长江防洪决策支持系统的开发，提出了具有系统结构合理、软件设计先进、实用性强、扩充性好、适应实时要求特点的总体设计，确定了系统的开发原则，拟定了系统的逻辑结构；以数据库、知识库作为信息基础，通过总控程序构筑系统运行环境，实现信息查询和防洪调度的功能[69]。

第二阶段对区域流域水资源配置进行了更深入的研究，用到了很多数学方法和计算机技术，方法和技术均较以前有很大突破，不少学者结合发展目标和新技术提出了优化配置的动力学模型和决策支持系统（DSS）。这一阶段研究领域集中在干旱缺水的西北和华北地区。在水资源短缺的西北和华北地区，如何提高水资源利用效率的研究，对当地社会经济的发展和生态环境具有非常重要的现实意义。

3. 成熟阶段

国家“九五”期间科技攻关计划项目对宁夏的水资源优化配置和可持续发展战略进行了系统的研究，并对西北地区水资源的合理开发利用和生态环境的保护也进行了研究。在强调区域经济发展的同时，社会、经济和环境的可持续发展也同样重要。在“十五”期间，推行节水农业从而实现区域持续高效的农业，促进水资源可持续利用效率。1998 年张壬午等讨论了农田生态系统水资源价值核算的原则与方法，通过山西省屯留县秸秆覆盖技术的案例研究，证实了该方法在可持续农业技术研究中应用的有效性[70]。同年，马彦琳通过分析新疆干旱环境的背景及农业资源的特点，发现在水土开发过程中长期忽略了干旱区生态环境的脆弱性，绿洲农业建设在取得长足进展的同时，也积累了严重的生态环境问题，使得新疆农业可持续发展面临着严峻的挑战，剖析了新疆农业持续发展所面临的问题，进而提出相应的对策[71]。

许多研究人员对可持续理论进行了更深层次的研究，探讨了水资源和水利工程的关系、水资源优化配置产生的综合效益对社会、经济和环境的支撑作用，以及可持续利用的发展模式和演化，对水资源和水利工程的关系进行深入研究。在可持续发展理论的基础上，实现了水资源优化配置对经济、社会和环境的最佳综合效益。1998 年，冯尚友、梅亚东基于可持续发展概念，对新型水资源系统规划的指导思想和原则、现行水资源系统规划（含环境影响评价）的缺陷、坝址及水库容量选择、不同层次规划的任务与内容，以及水资源持续利用的综合评价进行了系统研究[72]。2000 年，吕昕、朱瑞君从新疆水资源特点及开发利用状况入手，指出新疆水资源已日益成为严重威胁新疆经济可持续发展的一个大问题，提出了开源节流以及建立节水型社会的对策[73]。

可持续发展的研究提出了流域与区域可持续发展模式，并建立索引系统。1999 年，黄勇提出澜沧江流域实现可持续发展的模式，即多目标协同开发－生态发展模式[66]。2001 年，陈守煜提出了区域水资源可持续利用评价的模糊模式识别理论、模型和方法，应用所建立的模型对汉中盆地水资源可持续利用的程度进行了评价，评价结果合理可行，此方法也可用于区域社会经济可持续发展等的评价中[74]。2002 年，贺北方等基于可持续发展理论，以经济、社会、环境的综合效益最大化为目标，建立了区域水资源优化配置模型，同时用遗传算法对该多目标水资源优化配置模型进行求解[75]。2003 年，冯耀龙等在可持续发展理论的基础上，全面分析了区域水资源优化配置的内涵与原则，并建立了水资源优化配置模型，给出优化配置模型实用可行的求解方法[76]。

第三阶段水资源优化配置得到了全面发展，方法和技术不断成熟，基于可持续发展理论，对水资源的合理开发、优化配置和高效利用进行了全面系统的研究，尤其是节水农业，适应了社会发展的需要。对于流域和区域的研究不仅考虑了社会制度，而且也考虑到人工生态系统和自然生态系统。区域经济增长不再是唯一的目标，而是要同时实现社会、经济和生态环境的可持续发展[77-81]。

4. 完善阶段

根据干旱缺水地区的实际情况，特别是针对水资源的特点，西部大开发项目中宁夏经济和生态系统的水资源合理配置提出了广义水资源的理论研究方法，研究对象有所扩展。广义水资源包括人工系统和自然系统的高效、不可循环的淡水资源。在“十一五”期间的科技攻关计划项目中，很多学者对广义水资源进行了深入研究，有代表性的如裴源生、王浩、赵勇等，关于水资源的合理配置有最新的研究成果。2006年，贾仰文等阐述了广义水资源的概念，论述了广义水资源评价的必要性与可行性，提出了基于流域水循环模型的广义水资源评价方法和具体计算公式，并以分布式流域水循环模型为例对广义水资源各构成部分如何计算进行了说明[82]。同年，裴源生等提出了广义水资源合理配置的问题，水源除了地表水和地下水之外，将降水和土壤水也添加到配置体系当中，配置对象增加了天然生态水，从而提出三层配置指标，分别从配置水源、配置对象和配置目标3个方面对广义水资源合理配置的内涵进行阐述，从而更加全面真实地反映了区域水资源的供需平衡及合理配置[83]。2007年，赵勇等根据广义水资源合理配置的研究框架、目标、内涵、调控体系等开发了广义水资源合理配置模型（WACM），它由水循环模拟、水环境模拟和水资源合理配置模块组成。WACM模型通过采用不同尺度模型之间分解和聚合的信息交互方式，从而实现区域水量－水环境－水循环过程的动态配置与模拟 [84]。2009 年，裴源生等指出广义水资源高效利用应以水循环模拟为基础，以区域水资源－经济－生态复合大系统为研究对象，以广义水资源合理配置为手段，在遵循公平性、科学性和可持续性原则的基础上，对广义水资源利用进行合理调控，提出了广义水资源高效利用的概念内涵，从而实现广义水资源高效利用的目的[85]。

这一阶段发展迅速，以区域经济、生态水资源的复杂大系统为研究对象，基于水循环模拟，通过合理配置，在广义水资源对经济和生态系统服务的过程中，遵循高效、公平和可持续发展的理念，科学控制模型，从而实现对广义水资源的高效利用[86-89]。顾文权、邵东国等在分析水资源配置风险内涵及风险因素的基础上，建立了水资源优化配置多目标风险分析模型，提出了基于随机模拟技术的水资源优化配置多目标风险评估方法[90]。这一阶段，对于优化算法的改进及优化算法的联合运用有很多研究成果。刘士朋等对遗传算法进行了改进，并将其应用到水资源优化配置研究当中[91-93]。侍翰生等基于动态规划与模拟退火算法对河－湖－梯级泵站系统水资源优化配置进行了研究[94]。岳剑飞等对蚁群算法进行了改进，并研究了太原市受水区水资源优化配置方案[95]。马赟杰等用混沌差分算法和声搜索法对水资源优化配置进行了研究[96,97]。解建仓等基于人工鱼群算法研究了浐灞河流域水资源优化配置[98]。

1.2.3 水资源优化配置研究存在的问题

由于水资源系统涉及社会、经济和生态环境等多方面，涉及面较广，系统相对比较复杂。随着经济社会的快速发展，对水资源优化配置的要求越来越高，水资源优化配置无论从模型还是求解方法上都面临着新的挑战，面对复杂的水资源配置对象往往难以全面、高效地完成任务。现有的研究成果均有一定的不足，具体表现如下：

（1）对水量优化配置的研究比较多，对水质水量统一优化配置研究较少，面向不同的用户，水资源优化配置考虑供给水源优先度和可用量要求较少；对于供水水质要求及用水行业限制，区别不同水源水质状况配水的研究少。

（2）以往配置目标侧重于供水的经济效益，对水资源的生态环境效果研究不够，生态效益的经济度量指标相对不具体，不如经济效益对人类的直接作用那么明显，以往的水资源优化配置研究主要注重经济效益，而忽视了综合考虑资源、经济及生态环境的综合效益。

（3）对确定性条件下水资源优化配置的研究比较多，对不确定性因素对水资源优化配置的影响研究不够。

（4）对可持续发展重视不够。

以往的水资源优化配置的研究注重水资源与社会经济发展之间的关系，忽略了二者之间存在的相互制约、相互促进的内在联系，也忽略了在利用、开发及配置水资源时要与生态环境之间保持良性循环和发展这一自然规律。目前的水资源配置理论尽管能够体现经济、社会、资源和生态环境的和谐发展，但多处于理论研究和概念及模型设计的阶段。

1.2.4 水资源优化配置研究的发展趋势

综合国内外水资源优化配置研究现状，该领域已经取得了很多有价值的成果，无论是在配置理论还是在配置方法上都在不断完善和发展，取得了很大进步。优化配置模型的目标由单目标发展为多目标，在求解方法上，计算机技术和一些智能优化算法的应用，使具有多水源、多用户的复杂水资源优化配置问题变得相对比较简单；优化配置模型由单一的数学模型发展为数学规划与向量优化理论、模拟技术等几种方法的组合模型；研究对象也越来越广，由最初的水库优化调度扩展到不同规模的区域水资源优化配置研究[99-105]。但目前仍处于发展过程，随着社会经济的发展，水资源优化配置会越来越复杂多变，未来水资源优化配置有如下发展趋势：

（1）水质水量的联合优化配置。水质和水量是相互影响的，离开水质谈水量没有实际应用价值。有多项研究结果表明，在我国未来的社会经济发展过程中，由水质引起的水资源危机大于水量危机，所以水质水量的联合优化配置必须引起高度重视。水质对于一个地区的生态环境有非常重要的影响，所以在水资源配置过程中要充分考虑水质问题，这样的配置结果才能保证经济社会的可持续发展，形成良性循环机制。随着经济的发展，各行业用水量大幅增加，相应地污水排放量也急剧增加，但是水体纳污能力是有限的，所以配置系统中也应考虑环境容量。今后对于污水与用水、水体纳污量和污水排放之间关系的研究会进一步加强。

（2）水资源配置的效果评价。水资源优化配置是解决供需水矛盾的合理有效办法，在配置过程中涉及配置模型、求解方法、配置准则等的选取，但是配置的效果究竟如何，能否达到预期目标，这就需要配置后效的评价来做出判断，这也是对多种水资源优化配置方案选取或调整的依据。优化配置模型有多种，差别也很大，求解方法各不相同，因此基于社会的可持续发展，考虑经济、社会及生态环境因素，为了从水资源配置模型所生成的众多配置方案中挑选出最佳方案，必须进行合理配置方案评价研究，主要内容包括生态环境后效性评价、社会后效性评价、经济后效性评价和效率后效性评价等。

（3）水资源开发利用的生态环境效应受到重视。水资源对于生态环境而言是至关重要的，水资源开发利用合理会促进社会经济和生态环境的协调发展，如果水资源开发利用不合理则会使生态环境遭到破坏，生态环境需水既是水资源优化配置与合理规划的组成部分，也是水资源开发利用的基本依据[106]。水资源优化配置要在充分考虑社会、经济、资源、环境等因素的基础上，不但要考虑社会经济效益，而且要将生态环境效益纳入到所求解的目标范围之内，这样才是社会－经济－资源－环境复合系统的协调。在以往的水资源优化配置研究当中，注重社会经济的发展需水，忽视了生态环境需水，从而忽略了水资源的生态环境效益，严重影响了社会－经济－资源－环境这一复合系统的平衡稳定。在社会主义建设初期，人类只注重经济的发展，而忽略了生态环境，从而出现经济需水与生态需水相互竞争，最终导致经济需水挤占生态需水，造成水资源严重短缺[107]。目前，对生态环境需水的研究主要考虑湿地、河道及地下水等，所以对生态环境需水的计算还有待于进一步加强和深入。

（4）随机因素将逐渐被考虑。以往的水资源优化配置研究当中，没有考虑随机因素对水资源的影响。事实上，随机因素对水资源优化配置的影响是存在的，所以也应该把随机因素纳入水资源配置模型当中，并尽可能地加以分析处理，但是目前处理不确定因素影响的能力还有待提高。

（5）新的优化方法和3S（GIS、RS、GPS）技术的应用。以往水资源优化配置模型多采用动态规划、线性规划、非线性规划、模拟技术等方法，随着社会经济的发展，水资源优化配置越来越复杂，模型变得更加复杂，这些传统的方法应用于复杂大系统时会受到一定限制。近些年，如模拟退火算法、禁忌搜索、遗传算法、人工神经网络和混沌优化等智能优化方法对解决复杂的大规模优化问题显示出相当的优越性，必将被广泛地应用。以3S技术为支撑的水资源决策系统，通过空间信息的可视化处理，使大量枯燥和抽象的数据变得直观而且更容易理解，加速了水资源邻域的信息化和现代化进程，为数字流域的建设提供有力的技术支撑。在信息化社会，3S 等高新技术在水资源领域的应用已经显示出强大的功能，从数据采集、储存到管理、分析，信息技术与水资源优化配置的理论、模型和方法的结合衍生出一系列非常有前途的研究方向。

1.3 研究目标及主要研究内容

1.3.1 研究目标

针对宁夏引黄灌区水资源短缺与利用效率低等问题，对引黄灌区的水资源优化配置进行研究。以ARCGIS软件为平台，构建引黄灌区的SWAT（Soil and Water Assessment Tool）模型，并将该模型应用到引黄灌区的水资源管理中。在摸清引黄灌区水资源开发利用现状的基础上，找出存在的问题，对引黄灌区的农业、工业、生活、生态用水需求进行预测，并进行供需平衡分析，建立引黄灌区水资源多目标优化配置模型，用改进的粒子群算法对该模型求解，确定多目标优化配置方案。具体目标如下：

（1）以 ARCGIS 软件为平台，构建引黄灌区的 SWAT 模型。对宁夏引黄灌区的 DEM、土地利用和土壤数据进行裁剪、投影变换、重分类等操作，并转换成模型需要的 Grid 格式；建立 SWAT 模型需要的土壤理化属性、气象、水文等属性数据库。将构建的 SWAT 模型应用于引黄灌区的水文模拟中，对模型参数进行率定和验证，利用相对误差 R_e、相关系数 R^2 和 Nash-Suttcliffe 系数 *Ens* 对模型适用性进行评价。用已建立的 SWAT 模型对引黄灌区气候变化和土地利用变化对径流的影响进行研究。

（2）对宁夏引黄灌区的农业、工业、生活、生态用水需求进行深入调查分析，预测各行政区未来需水量，进行供需平衡分析。

（3）以系统、科学的理论与方法为研究手段，在需水量和可供水量已知的基础上，满足生活和生态用水、协调工业用水的前提下，建立宁夏引黄灌区多目标优化配置模型。

（4）用改进的粒子群算法对引黄灌区多目标优化配置模型求解，确定多目标优化配水方案，实现区域有限水资源量在各行政区、各用水部门的优化配置。

1.3.2 主要研究内容

以宁夏引黄灌区水资源系统为研究对象，对水资源优化配置的模式、理论和方法进行深入研究，针对宁夏引黄灌区水资源的特点，对引黄灌区的水资源进行优化配置，为宁夏引黄灌区水资源的可持续利用和与社会、经济、生态环境的可持续发展提供思路。主要研究内容如下：

（1）摸清宁夏引黄灌区水资源开发利用现状，找出存在的问题。概述宁夏引黄灌区的自然地理、资源与环境、社会经济及水资源状况，分析宁夏引黄灌区的水资源及其开发利用现状，包括水资源的数量、质量、时空分布规律及供水和用水现状情况，从中找出引黄灌区水资源的供需矛盾，指出宁夏引黄灌区水资源开发利用中存在的问题。

（2）基于 SWAT 模型构建引黄灌区分布式水文模型。利用引黄灌区 1990—2017 年的气象、水文等资料进行模拟，以相对误差、相关系数和纳什效率系数 3 个指标为标准，以 2006—2012 年实测月径流量和输沙量对模型的敏感参数进行率定，并以 2013—2017 年的实测月径流量和输沙量对模型进行验证。

（3）研究气候和土地利用变化对流域径流的影响。运用 SWAT 模型对引黄灌区气候变化和土地利用变化情景下径流的可能变化情况进行分析。

（4）引黄灌区社会经济发展及供需水预测。以可持续发展思想为指导，对宁夏引黄灌区的各项社会经济发展指标进行预测，利用定额法对农业、工业、生活及生态需水量进行预测，并对农业和工业用户的节水潜力进行分析，从而预测宁夏引黄灌区 2025 年的总需水量。依据已建立的引黄灌区 SWAT 模型对径流量进行预测，结合宁夏引黄灌区水资源规划预测 2025 年不同降水频率（50%、75%、95%）下地表水、地下水的供水量。在考虑节水措施的基础上，对引黄灌区不同规划水平年的水量进行供需平衡分析。

（5）基于改进粒子群算法的宁夏引黄灌区水资源优化配置。根据水资源优化配置的理论及原则，以经济、社会、环境为目标，建立宁夏引黄灌区水资源优化配置模型，确定模型中相关的参数，利用改进的粒子群算法对模型进行求解，得出规划年 2025 年分别在不同降水频率（50%、75%、95%）下工业、农业、生活及生态的水资源优化配置方案，并对配置结果进行分析，从而提出对水资源合理利用的对策和建议。

1.4 技术路线

宁夏是我国可用水资源最少的省区之一，大气降水、地表水和地下水都十分贫乏，而且空间分布不均。针对这一现状，对宁夏引黄灌区的水资源进行优化配置将缓解水资源短缺问题并促进灌区的社会经济发展。以可持续发展思想为指导，建立宁夏引黄灌区多用户、多水源、多目标的水资源优化配置模型，给出不同水平年在不同降水频率下水资源优化配置方案。

（1）引黄灌区现状分析。包括社会经济、水资源开发利用现状。

（2）利用 SWAT 模型建立引黄灌区分布式水文模型，为引黄灌区水资源管理利用提供依据。

（3）运用 SWAT 模型对引黄灌区气候变化和土地利用变化情景下径流的可能变化情况进行分析。

（4）供需水预测及供需平衡分析。结合宁夏引黄灌区的实际情况，以 11 个县（市/区）即银川市、永宁县、贺兰县、灵武市、大武口区、惠农区、平罗县、利通区、青铜峡市、沙坡头区、中宁县为单位对水资源分区，然后对宁夏引黄灌区 2015 年在农业、工业、生活、生态方面的需水量进行实地调查，从而对 2025 年的需水量进行预测，并依据已建立的引黄灌区 SWAT 模型及宁夏引黄灌区水资源规划对引黄灌区的供水进行预测，预测规划水平年在不同降水频率下的可供水量，然后进行供需平衡分析。

（5）优化配置模型的建立及求解。以社会、经济、生态环境为目标，建立宁夏引黄灌区水资源优化配置模型，并用改进的粒子群算法对其求解，得到不同的水资源优化配置方案，并对结果进行分析，得出结论和建议。

具体技术路线如图 1.1 所示。

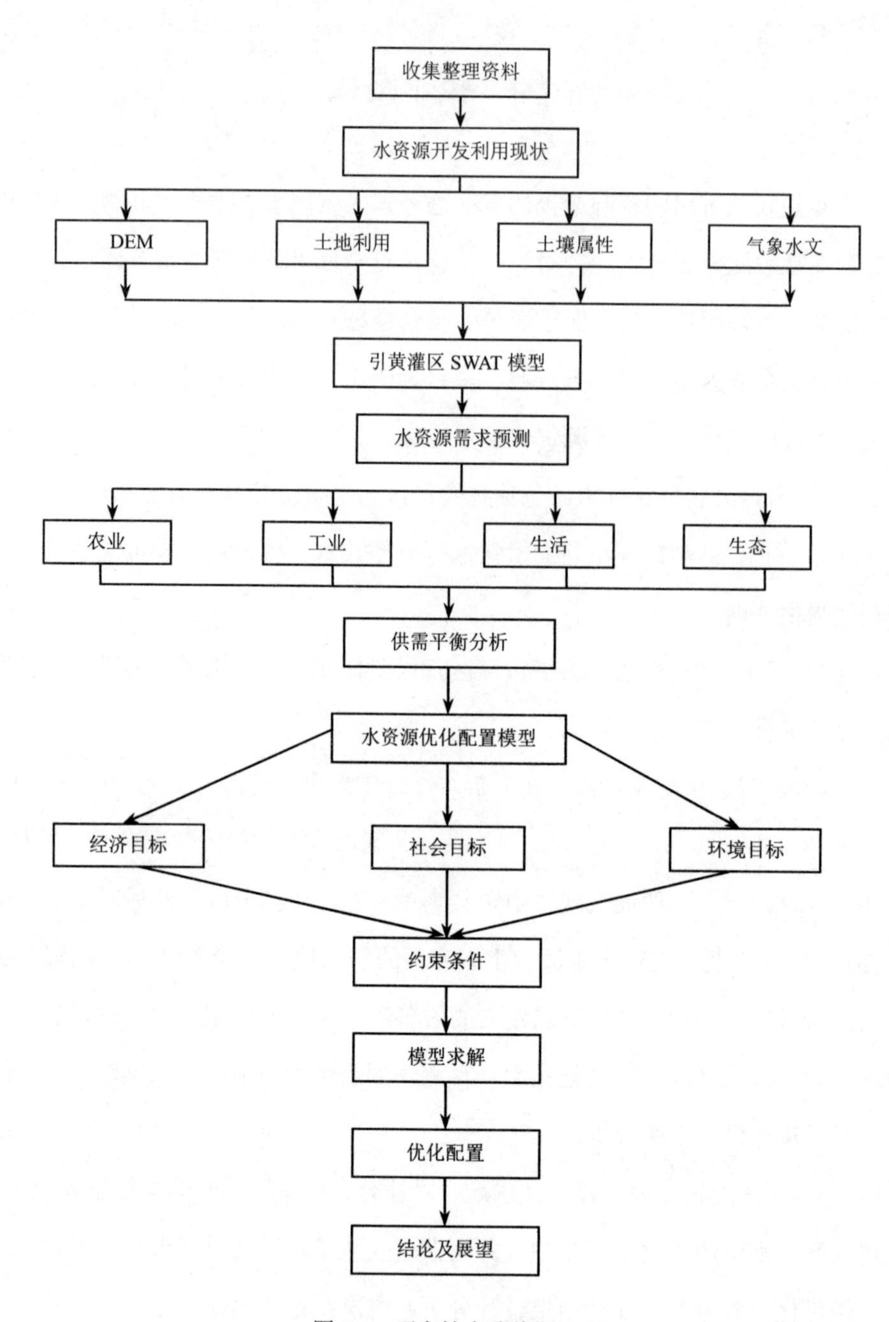
收集整理资料
水资源开发利用现状
DEM
土地利用
土壤属性
气象水文
引黄灌区 SWAT 模型
水资源需求预测
农业
工业
生活
生态
供需平衡分析
水资源优化配置模型
经济目标
社会目标
环境目标
约束条件
模型求解
优化配置
结论及展望

图 1.1　研究技术路线图

1.5 小结

本章论述了水资源优化配置的研究背景及意义，介绍了国内外关于水资源优化配置的研究进展、研究趋势及存在的问题，阐明了宁夏引黄灌区水资源配置研究的研究目标、研究内容及技术路线，为后面的研究明确了方向，同时也奠定了基础。

第 2 章　研究区概况及用水现状分析

2.1　基本概况

2.1.1　自然地理概况

1. 引黄灌区范围及土地分布情况

宁夏引黄灌区土地面积 5960.36 km^2，包括青铜峡灌区和沙坡头灌区。青铜峡灌区土地面积 4905.73 km^2，位于宁夏西北部，南起青铜峡水利枢纽，东邻鄂尔多斯台地，西倚贺兰山，北至石嘴山，以黄河为界又分为河东灌区和河西灌区。灌溉渠道管理单位包括西干渠管理处、唐徕渠管理处、汉延渠管理处、惠农渠管理处、渠首管理处和秦汉渠管理处。沙坡头灌区土地面积 1054.63km^2，位于宁夏中西部，西起沙坡头水利枢纽，东至青铜峡水利枢纽，北靠腾格里沙漠，南以香山为界，以黄河为界又分为河北灌区和河南灌区。灌溉渠道管理单位包括七星渠管理处、跃进渠管理处和中卫市水务局。

2. 地理概况

宁夏回族自治区简称宁，位于中国西北部（北纬 35°14′～39°23′和东经 104°17′～107°39′），地处黄河中上游，是中国五个少数民族自治区之一。东邻陕西，北接内蒙古，南与甘肃相连。东西相距 50～250km，南北相距约 456km，总面积为 6.64 万 km^2。

宁夏地势北低南高（一般海拔为 1090～2000m，最高海拔为 3556m），东西窄而南北长，东西相隔 50km 至 250km 不等，南北相距 456km。地形起伏大，地貌类型多样，自南向北分为六盘山山地、宁南黄土丘陵、宁中山地与山间平原、灵盐台地、卫宁平原、银川平原和贺兰山山地等地貌单元。山地面积 0.82 万 km^2，丘陵面积 1.97 万 km^2，台地面积 0.91 万 km^2，平原面积 1.39 万 km^2，沙漠面积 0.09 万 km^2，其他 1.46 万 km^2。

主要山脉有贺兰山、六盘山、罗山、牛首山、香山等，其中贺兰山、六盘山、罗山是宁夏的三大天然林区。贺兰山是银川平原的天然屏障，是中国外流区与内流区的分水岭，也是季风气候与非季风气候的分界线。较大的河流有清水河、泾河、葫芦河等。

宁夏引黄灌区主要分布于银川平原和卫宁平原。行政区划涉及银川、石嘴山、吴忠和中卫 4 个地级市，包括银川市、永宁县、贺兰县、灵武市、大武口区、惠农区、平罗县、利通区、青铜峡市、沙坡头区、中宁县 11 个县（市/区）级行政单位。

3. 气候

宁夏引黄灌区属温带大陆性气候，降水稀少，蒸发强烈，平均年降水量 130～210mm，降水的时空分布非常不均匀，年降水集中在 7～9 月份，其降水量约占全年降水量的 70%。每年的最大降水量一般在 8 月份，最小降水量一般在 12～1 月份，年际变化也比较大。年蒸发量 550～1000mm，年均气温 9～11℃，无霜期 160 天，年太阳总辐射 5873～6101MJ/m^2，年日照时数 2921～3112h，日温差一般为 12～15℃。天然水资源严重短缺，是典型的没有灌溉就没有农业的地区。宁夏引黄灌区光照充足，热量丰富，温差幅度大，干燥少雨，蒸发强烈，春暖快，夏热短，秋凉早，冬寒长，适宜发展灌溉农业。

4. 土壤与植被

宁夏自南向北，随降水量减少，干燥度增大，植被退缩，盐类淋溶作用减弱，有机质积累减少，相继分布有黑垆土、灰钙土、灰漠土。宁夏引黄灌区属西北干旱区域中温带河套灌区，地貌类型主要为黄河冲积平原、洪积平原和洪积台地，引黄灌区的耕地由于长期受引黄水的灌溉，地下水位相对较高，形成潮土、灌淤土、龟裂碱土、盐土、沼泽土等。

宁夏是我国少林省区之一，受地理位置和生态环境制约，植物区系成分及群落结构简单，植物群落学的旱生生态特征显著。自然植被有森林、灌丛、草甸、草原、沼泽等基本类型，自南向北呈现森林草原－干草原－荒漠草原－荒漠的水平分布。其中，六盘山半湿润区为森林草原植被类型，覆盖率达80%以上，是宁夏最大的水源涵养林区，为西北黄土高原调节气候的“绿岛”。南部黄土丘陵沟壑区，植被以禾草植物群落、灌木为主，覆盖率为40%～80%。中部风沙干旱区，天然植被以旱生灌木和半灌木为主，分布稀疏，覆盖率为10%～40%。北部引黄灌区以人工灌溉天然绿洲植被为主要类型，自然植被有荒漠草原、荒漠、草甸、沼泽等。

2.1.2 资源与环境

1. 自然资源

宁夏引黄灌区非金属矿藏资源比较丰富，优势矿产资源主要有煤炭、建材原料、化工原料及冶金辅助原料四大类，石油和天然气有开发前景。煤炭是宁夏得天独厚的能源矿产资源，预计埋深2000m以内的资源储量为1720亿吨，现已探明储量308亿吨，居全国第五位，煤种齐全，煤质优良，埋深较浅，赋存稳定，水文地质条件简单，易开发利用。主要煤田分为四大区，即贺兰山含煤区、宁东含煤区、香山含煤区和宁南含煤区。宁东煤田已被列入全国13个亿吨级大型煤炭基地之一，贺兰山太西煤已远销亚欧美10多个国家和地区。水泥用灰岩探明储量5亿吨，石膏探明储量25亿吨，化工石灰岩探明储量2800万吨。

土地是宁夏的优势资源，全区现有耕地110.71万公顷（1660.59万亩），人均0.18公顷（2.66亩），是全国人均占有量的2倍多，其中灌溉水田4.49万公顷

（67.29 万亩），水浇地 35.63 万公顷（534.52 万亩），旱地 70.24 万公顷（1053.62 万亩），菜地 0.34 万公顷（5.1 万亩）。宜农荒地资源仅次于新疆、黑龙江、内蒙古三省区，土地平坦，条件好，开发潜力大。全区现有草场面积 229.34 万公顷（3440 万亩），其中天然草场 221.67 万公顷（3325 万亩），人工草场 7.67 万公顷（115 万亩），是全国十大牧区之一。林地面积 59.47 万公顷（892 万亩），其中未成林林地面积占 56%，其次为有林地和灌木林，分别占 23%和 16%。

2. 生态环境

宁夏引黄灌区地理环境具有明显的过渡性，自然条件复杂，生态环境系统具有四方面的特点：环境条件复杂，生态类型多样；主要环境因素组合不够协调，自然生态系统功能偏低；环境容量较小，生态环境脆弱；人类活动对环境影响强烈，部分地区环境退化严重。目前，主要面临四大生态环境问题：水土流失、土壤盐渍化、土地荒漠化、水环境污染与地下水超采。

（1）水土流失。

宁夏是我国水土流失最严重的省区之一，水土流失面积 3.9 万 km^2，占全区总面积的 75.3%，主要分布在南部黄土丘陵沟壑区，以水力侵蚀为主，占全区水土流失面积的 56.8%，其中多沙粗沙区面积 1.4 万 km^2，年侵蚀模数大于 $5000t/km^2$ 的流失面积为 $8234km^2$，占总流失面积的 21%。水土流失已成为影响南部山区经济社会发展的主要因素。

宁夏年流失泥沙量约 0.8 亿吨，每年流失有机质约 120 万吨，全氮 9 万吨，全磷 25 万吨。严重的水土流失使耕地肥力下降，生产力降低，同时淤积水库，降低防洪能力和水库效益。山区 195 座水库，每年淤积量约 1600～2000 万吨，严重影响其功能的发挥，致使大部分水库只能采取空库迎汛，汛期有水不敢蓄，汛后拦蓄水量不足，严重影响灌溉效益的发挥。

水土保持是宁夏生态治理的重点工作之一。自 20 世纪 80 年代开展防治并重、治管结合以来，积累了很多经验，创建了小流域综合治理的“彭阳模式”等。到

2003 年 12 月自治区提出确保每年治理水土流失面积 1000 km^2，加上封育保护面积，力争水土流失治理程度达到 60%。

（2）土壤盐渍化。

宁夏的土壤盐渍化主要分布在北部引黄灌区和中部扬黄灌区，其中以银北平原灌区最为严重。根据《宁夏灌区耕地土壤盐渍化调查及水利土壤改良研究》最新结果，宁夏引黄、扬黄、库井三类灌区，轻、中、重各级盐渍化面积占耕地毛面积的 39.3%。其中引黄、卫宁灌区为 44.4%，青铜峡灌区为 49.7%，扬黄灌区为 8.4%，库井灌区为 12.4%。

就区域分布而言，北部引黄灌区盐渍化面积占全区盐渍化面积的 94.3%，是全区盐渍化最为严重的地区。扬黄灌区占全区盐渍化面积的 3.4%。库井灌区土壤盐渍化面积最小，仅占全区盐渍化面积的 2.3%。引黄灌区盐渍化面积的分布与排水条件密切相关，具有灌区上游较轻、下游逐渐加重的特点。

（3）荒漠化。

宁夏是我国土地沙漠化较为严重的地区，中北部 13 县市均有不同程度的沙漠化现象，严重沙漠化土地涉及引黄灌区的有灵武、平罗、中卫等县（市/区）。目前，全区沙化面积近 1 万 km^2，占全区土地面积的 19%，高于全国平均值。成因有人为和自然两大因素，前者主要是滥垦、滥挖甘草与过牧等，后者主要为气候干旱多风、土壤富含沙粒等。

为全面遏制土地沙漠化问题，自治区成立后特别是改革开放以来，通过开展综合治沙工程，严禁开荒、过牧、滥伐，实行围栏封育，保护天然草场，创造出了以林治沙、种草固沙、以水改沙相结合，生物措施和工程措施相结合的综合治理经验。20 世纪 90 年代以来，全面推行围栏封育、退牧还草等措施，数百万亩草原得到了休养生息。目前，随着扶贫扬黄灌溉工程效益的发挥，全区实行“小面积开发，大面积保护”，土地沙漠化问题得到明显缓解，实现了治理速度大于沙漠化速度的历史性转变。

（4）水环境污染与地下水超采。

宁夏河流矿化度本底值高，加上点面源污染，水环境恶化问题严重。2015 年全区排放各种废污水 4.2 亿吨，属中度污染。主要污染因子是 COD（化学需氧量）、氨氮和悬浮物，个别河流受上游农牧业活动的影响，地表水体细菌总数、BOD（生物需氧量）等超标，灌区各大排水沟水质均超标。

引黄灌区的银川市、石嘴山市因工业集中开采深层地下水，地下水超采问题严重。2015 年银川市地下水开采量为 1.856 亿 m^3，地下水降落漏斗主要位于西夏区、兴庆区一带，其范围西起西干渠，东至大新镇；北起芦花台镇三闸村、龙王庙，南到平吉堡、丰盈村。开采地下水形成的区域性降落漏斗面积为 418.5km^2，漏斗中心位于木材公司附近东移至火车站附近，年平均水位埋深 16.91m。2015 年石嘴山市地下水开采量为 1.175 亿 m^3，长期开采地下水形成的区域性降落漏斗主要位于大武口区大小风沟、鬼头沟、大武口沟洪积扇区。2015 年枯水期开采降落漏斗总面积 45.33km^2。其中大小风沟洪积扇水源地枯水期开采降落漏斗面积 6.03km^2，漏斗中心水位埋深 47.948m；鬼头沟洪积扇水源地开采降落漏斗是大武口区最大的降落漏斗，2015 年枯水期漏斗面积为 29.03km^2，漏斗中心水位埋深 59.624m；大武口沟洪积扇水源地开采降落漏斗 2015 年枯水期开采降落漏斗面积 10.27km^2，漏斗中心水位埋深 41.27m，丰水期开采降落漏斗总面积 44.29km^2。

2.1.3 社会经济概况

1. 行政区划与人口民族概况

宁夏引黄灌区涉及银川、石嘴山、吴忠、中卫 4 个地级市；6 个县及县级市：青铜峡市、灵武市、永宁县、贺兰县、平罗县、中宁县；7 个市辖区：银川兴庆区、银川金凤区、银川西夏区、大武口区、惠农区、利通区、沙坡头区。

银川市是宁夏回族自治区的首府，全区政治、经济、文化、科研和教育的中心，是有 1000 年历史的塞上名城。银川市位于宁夏平原中部，面积 9555 km^2，人口 216.41 万人，其中市区人口 164.04 万人。

2015 年末全区常住人口 667.9 万人。城镇人口占 55.2%，农村人口占 44.8%。全区共有 34 个少数民族，人口 246.4 万人，占总人口的 36.89%，其中回族人口 240.7 万人，占自治区总人口的 36.04%。

引黄灌区总人口 439.33 万人，其中城镇人口 296.79 万人，占总人口的 67.56%，农村人口 142.53 万人，占总人口的 32.44%，各市县人口见表 2-1。

表 2-1　2015 年宁夏引黄灌区各县（市/区）人口统计　单位：人

县（市/区）	城镇人口	农村人口	城镇化率	总人口
银川市	1251486	137086	90.13%	1388572
永宁县	107565	126833	45.89%	234398
贺兰县	123498	129831	48.75%	253329
灵武市	157869	129951	54.85%	287820
大武口区	282426	21193	93.02 %	303619
惠农区	168049	32487	83.80 %	200536
平罗县	130090	153764	45.83 %	283854
利通区	249650	154987	61.70 %	404637
青铜峡市	138221	153570	47.37 %	291791
沙坡头区	219354	183797	54.41 %	403151
中宁县	139728	201821	40.91 %	341549
灌区合计	2967936	1425320	67.56%	4393256

宁夏自古以来就是一个多民族共同聚居的地方。经过漫长的历史演变以及各民族的交往，宁夏形成了以回族、汉族为主体，满族、蒙古族、壮族、朝鲜族、东乡族、藏族、维吾尔族、苗族、彝族、布依族、侗族、瑶族、白族、土家族、哈萨克族、傣族、黎族、畲族、高山族、纳西族、土族、撒拉族、毛难族、锡伯族、俄罗斯族、保安族、裕固族、京族、赫哲族等 34 个民族成分组成的自治区。

2. 国民经济主要指标

2015年，宁夏引黄灌区经济持续快速增长，产业结构趋于合理，效益显著提高。经初步核算，引黄灌区2015年全年实现地区生产总值2566.33亿元，按可比价格计算，比上年增长10.2%，增速比全国平均水平高5.8个百分点。其中，第一产业完成增加值159.91亿元，增长6.8%；第二产业完成增加值1380.85亿元，增长12.9%，第三产业完成增加值1025.57亿元，增长11%。按年平均人口计算，人均地区生产总值达到51036元。三次产业增加值构成由2014年的5.2:61.6:33.2调整为2015年的4.2:53.3:42.5（见表2-2）。

表2-2 2015年宁夏引黄灌区各县（市/区）生产总值 单位：亿元

县（市/区）	GDP				比重/%		
	一产	二产	三产	合计	一产	二产	三产
银川市	17.6	341.8	533.92	893.32	1.97	38.26	59.77
永宁县	15.07	66.72	39.49	121.28	12.43	55.01	32.56
贺兰县	16.01	67.96	37.83	121.8	13.14	55.80	31.06
灵武市	9.95	304.29	43.22	357.46	2.78	85.13	12.09
大武口区	0.93	130.4	68.42	199.75	0.47	65.28	34.25
惠农区	5.92	96.55	79.55	182.02	3.25	53.04	43.70
平罗县	19.39	81.37	40.05	140.81	13.77	57.79	28.44
利通区	16.56	85.68	45.29	147.53	11.22	58.08	30.70
青铜峡市	16.94	78.65	33.72	129.31	13.10	60.82	26.08
沙坡头区	23.26	55.96	66.99	146.21	15.91	38.27	45.82
中宁县	18.28	71.47	37.09	126.84	14.41	56.35	29.24
灌区合计	159.91	1380.85	1025.57	2566.33	6.23	53.81	39.96

3. 农业概况

2015年引黄灌区农业稳步增长，规模化、产业化生产水平进一步提高，农林牧渔业均取得了一定的发展，全年实现农林牧渔业总产值312.39亿元，比上年增长4.8%，农业、林业、牧业、渔业、农林牧渔服务业比例为65.9:1.1:23.6:5:4.4（见表2-3）。

表 2-3 2015 年宁夏引黄灌区各县（市/区）农林牧渔总产值 单位：亿元

县（市/区）	农业	林业	牧业	渔业	农林牧渔服务业	合计
银川市	20.51	0.32	9.29	1.72	3.73	35.57
永宁县	21.54	0.38	4.66	0.76	0.91	28.25
贺兰县	22.31	0.04	4.66	3.68	0.95	31.64
灵武市	11.04	0.58	7.15	0.59	1.05	20.41
大武口区	0.75	0.08	0.26	0.93	0.38	2.4
惠农区	7.74	0.16	3.22	0.37	0.32	11.81
平罗县	26.87	0.24	5.43	3.46	1.04	37.04
利通区	14.7	0.25	16.91	0.44	1.95	34.25
青铜峡市	20.79	0.39	8.04	1.30	0.99	31.51
沙坡头区	32.71	0.68	7.28	1.77	1.12	43.56
中宁县	27.1	0.34	6.83	0.59	1.09	35.95
灌区合计	206.06	3.46	73.73	15.61	13.53	312.39

通过实施粮食、化肥、山区农田建设直接补贴等一系列惠农政策，激发了农民种植粮食的积极性，并从相当程度上减轻了农民负担，从而促进了农业生产的发展。2015 年全年引黄灌区粮食总产量 286.32 万吨，比上年增长 2.8%，粮食产量逐年增加。

4. 工业概况

2015 年工业总产值 2289.79 亿元，比上年增长 5.9%，其中规模以上工业总产值 1931.56 亿元，比上年增长 10.1%，完成规模以上工业增加值 683.864 亿元，比上年增长 11.1%。按经济类型分，国有及国有控股企业增加值 375.66 亿元，增长 7.0%；股份制企业增加值 530.34 亿元，增长 12.1%；外商及港澳台商投资企业增加值 34.55 亿元，下降 4.0%。按轻重工业分，轻工业增加值 95.56 亿元，增长 16.7%；重工业增加值 537.76 亿元，增长 10.8%。2015 年规模以上工业企业实现销售产值 1964.86 亿元，比上年增长 6.8%。

2.1.4 水资源概况

宁夏的水资源较全国其他省区都较少，降水、地表水和地下水均十分贫乏，主要依靠引用黄河水量，且时间和空间分布不均，表现为南多北少。

宁夏地表水资源呈量少质差、地区分布不均、年际变化大的特征，是全国地表水资源最贫乏的省区之一。宁夏多年平均地表水资源量为 9.49 亿 m^3，年径流深 18.3mm，是全国平均值的 1/15，黄河流域平均值的 1/5。宁夏耕地亩均占有水量仅 48 m^3，是黄河流域平均值的 1/6，全国平均值的 1/28。人均占有水量 190 m^3，分别为黄河流域平均值和全国平均值的 1/3 和 1/11。宁夏水资源有黄河干流过境流量 325 亿 m^3，可供宁夏利用 40 亿 m^3。引用的黄河水绝大部分在北部引黄灌区。

宁夏引黄灌区地下水资源量为 19.555 亿 m^3，占全区地下水资源总量的 88%，其补给量中渠系渗透和田间灌溉渗入占 95.9%，地下水与灌溉水、渠沟水、黄河水有紧密的联系，形成统一的水循环体，地下水量基本上来源于引用黄河水量。

1. 降水量

宁夏引黄灌区平均年降水总量 44.642 亿 m^3（1956－2000 年），平均年降水深 192mm，不足黄河流域平均值的三分之二，不足全国平均值的一半。2015 年宁夏全区降水总量 149.103 亿 m^3，折合降水深 288mm，与多年均值持平，较上年减少 21%，属于平水年，其中引黄灌区降水总量 38.605 亿 m^3，折合降水深 170mm，较多年平均值偏少 15%。宁夏引黄灌区各县（市/区）降水量见表 2-4，引黄灌区 2015 年降水量与多年平均值比较见图 2.1。

表 2-4 宁夏引黄灌区各县（市/区）年降水量统计

县（市/区）	计算面积/km^2	2015 年		多年平均	
		降水量/亿 m^3	降水深/mm	降水量/亿 m^3	降水深/mm
银川市	1660	3.279	198	3.023	182
永宁县	1011	1.943	192	1.788	177
贺兰县	1208	2.769	229	2.556	212

续表

县（市/区）	计算面积/km^2	2015 年		多年平均	
		降水量/亿 m^3	降水深/mm	降水量/亿 m^3	降水深/mm
灵武市	3663	7.228	197	6.701	183
大武口区	922	1.838	199	1.793	195
惠农区	1100	1.958	178	1.91	174
平罗县	2070	4.048	196	3.948	191
利通区	929	1.443	155	1.719	185
青铜峡市	1851	2.878	155	3.429	185
沙坡头区	5213	6.826	131	10.812	207
中宁县	3345	4.396	131	6.963	208
灌区合计	22972	38.606	168	44.462	194

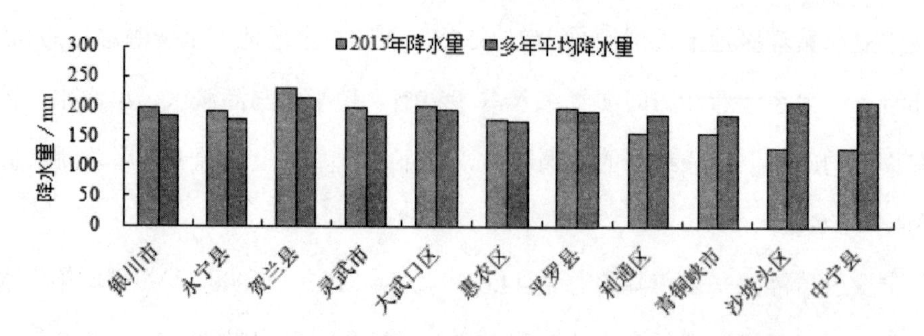

图 2.1 宁夏引黄灌区各县（市/区）2015 年降水量与多年平均值比较

2. 地表水资源

地表水资源是指宁夏境内降水形成的河川径流量。经还原分析计算后宁夏天然地表水资源量 9.493 亿 m^3，平均年径流深 18.3mm，包括年径流深小于 5mm 的资源量（0.5 亿 m^3）。2015 年全区天然地表水资源量 7.083 亿 m^3，折合径流深 13.7mm，比上年减少 13%，比多年平均偏小 25%，其中引黄灌区地表水资源量 2.280 亿 m^3，折合径流深 9.9 mm，比多年平均偏小 9%。宁夏引黄灌区各县（市/区）地表水资源量见表 2-5，引黄灌区 2015 年径流量与多年平均值比较见图 2.2。

表2-5 宁夏引黄灌区各县（市/区）地表水资源量统计

县（市/区）	计算面积/km^2	2015年		多年平均	
		径流量/亿 m^3	径流深/mm	径流量/亿 m^3	径流深/mm
银川市	1660	0.247	14.9	0.278	16.7
永宁县	1011	0.155	15.3	0.174	17.2
贺兰县	1208	0.261	21.6	0.294	24.3
灵武市	3663	0.147	4.0	0.166	4.5
大武口区	922	0.260	28.2	0.256	27.8
惠农区	1100	0.201	18.3	0.198	18.0
平罗县	2070	0.411	19.9	0.405	19.6
利通区	929	0.097	10.5	0.105	11.3
青铜峡市	1851	0.174	9.4	0.188	10.2
沙坡头区	5213	0.185	3.5	0.251	4.8
中宁县	3345	0.142	4.2	0.192	5.7
灌区合计	22972	2.280	9.9	2.507	10.9

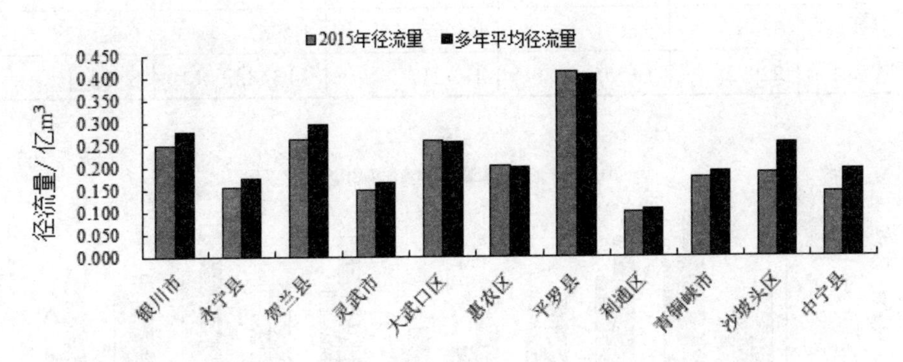

图2.2 宁夏引黄灌区各县（市/区）2015年径流量与多年平均值比较

3. 地下水资源

2015年全区地下水资源量为20.882亿m^3，比2014年减少0.434亿m^3。宁夏地下水资源主要源于引用的黄河水量，地区分布上主要集中在北部的引黄灌区。2015年共引扬黄河水量65.057亿m^3，降水补给量为0.666亿m^3，灌区渠系和田间渗漏补给量达17.226亿m^3。引黄灌区地下水资源量为17.226亿m^3，占全区地下水总量的82%。宁夏引黄灌区各县（市/区）地下水资源量见表2-6，引黄灌区2015年地下水资源量与多年平均值比较见图2.3。

表2-6 宁夏引黄灌区各县（市/区）地下水资源量统计 单位：亿 m^3

县（市/区）	计算面积 /km^2	2015年		多年平均	
		地下水资源量	可开采量	地下水资源量	可开采量
银川市	1660	1.559	1.140	1.134	0.829
永宁县	1011	2.626	1.842	1.91	1.34
贺兰县	1208	2.315	1.622	1.684	1.18
灵武市	3663	1.315	0.852	0.957	0.62
大武口区	922	0.936	0.688	0.59	0.434
惠农区	1100	0.888	0.628	0.56	0.396
平罗县	2070	2.345	1.650	1.478	1.04
利通区	929	1.600	0.787	1.139	0.56
青铜峡市	1851	2.550	1.180	1.815	0.84
沙坡头区	5213	1.760	0.755	1.585	0.68
中宁县	3345	1.661	0.577	1.496	0.52
灌区合计	22972	19.555	11.721	14.348	8.439

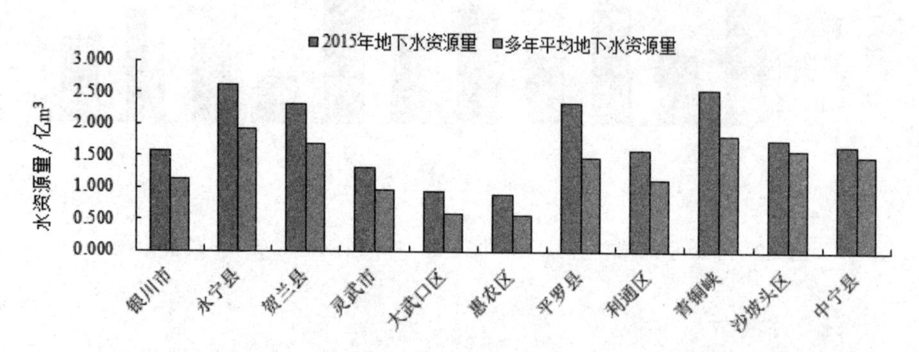

图2.3 宁夏引黄灌区各县（市/区）2015年地下水资源量与多年平均值比较

4. 水资源总量

宁夏引黄灌区水资源总量是指宁夏引黄灌区内当地降水形成的地表和地下产水量，即地表径流量与降水入渗补给量之和，不包括过境水量。2015年宁夏水资源总量为 9.155 亿 m^3，其中天然地表水资源量为 7.083 亿 m^3，地下水资源量为 20.882 亿 m^3，地下水资源量与地表水资源量间重复计算量为 18.810 亿 m^3。其中引黄灌区水资源总量为 4.2 亿 m^3，引黄灌区地表水资源量为 2.280 亿 m^3，地下水资源量为 19.555 亿 m^3。引黄灌区各区水资源总量见表 2-7，引黄灌区 2015 年水资源总量与多年平均值比较见图 2.4。

表 2-7　宁夏引黄灌区各县（市/区）水资源总量统计　　单位：亿 m^3

县（市/区）	计算面积/km^2	降水量/mm	地表水资源量	地下水资源量	重复计算量	15 年水资源总量	多年平均水资源总量
银川市	1660	3.279	0.247	1.559	1.387	0.419	0.422
永宁县	1011	1.943	0.155	2.626	2.336	0.445	0.316
贺兰县	1208	2.769	0.261	2.315	2.059	0.517	0.419
灵武市	3663	7.228	0.147	1.315	1.170	0.292	0.2
大武口区	922	1.838	0.260	0.936	0.790	0.406	0.524
惠农区	1100	1.958	0.201	0.888	0.750	0.339	0.411
平罗县	2070	4.048	0.411	2.345	1.978	0.778	0.551
利通区	929	1.443	0.097	1.600	1.534	0.163	0.133
青铜峡市	1851	2.878	0.174	2.550	2.443	0.281	0.298
沙坡头区	5213	6.826	0.185	1.760	1.640	0.305	0.288
中宁县	3345	4.396	0.142	1.661	1.548	0.255	0.227
灌区合计	22972	38.605	2.280	19.555	17.635	4.2	3.789

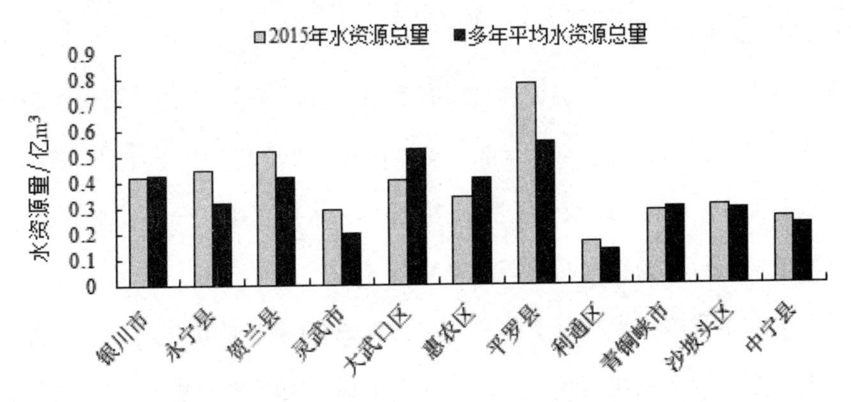

图 2.4　宁夏引黄灌区各县（市/区）2015 年水资源总量与多年平均值比较

2.2 水资源开发利用现状

2.2.1 供水系统

宁夏引黄灌区的供水系统由黄河引水、地表水和地下水 3 个子系统组成，主要由黄河引水来供给。引黄灌水系统包括卫宁和青铜峡两个灌区，直接从黄河引水的干渠有 17 条。地表水供水系统主要由水库、塘坝和河道构成；地下水供水系统由机电井组成；现有供水工程可分为蓄水工程、引水工程和地下水工程。

1. 蓄水工程

全区已建水库 224 座，总库容 26.08 亿 m^3。宁夏黄河干流上现有大型水库一座即青铜峡水库，总库容 7.35 亿 m^3，现有库容 0.5 亿 m^3，其供水主要用于青铜峡灌区和青铜峡电厂水利发电。全区现有中型水库 28 座，其中银川市 2 座、固原地区 12 座、吴忠地区 3 座、中卫市 11 座，总库容 12.86 亿 m^3，现有库容 1.425 亿 m^3，设计灌溉面积 1.81 万公顷（27.1 万亩），有效灌溉面积 0.8 万公顷（12.06 万亩）。现有小型水库 195 座，总库容 5.87 亿 m^3，现有库容 1.665 亿 m^3，设计灌溉面积 2.29 万公顷（34.41 万亩），有效灌溉面积 1.93 万公顷（28.92 万亩）。

2. 引水工程

全区卫宁、青铜峡两大引黄灌区现有大中型引水干渠 17 条，总长 1380km，设计灌溉面积 27.27 万公顷（409 万亩），有效灌溉面积 29.50 万公顷（442.57 万亩），设计供水能力 866 m^3/s，现状供水能力 705m^3/s（包括直接从干渠扬水的扬水工程供水量，如南山台子扬水、同心扬水等）。

引黄灌区是我国古老大型灌区之一，已有 2000 多年的历史，以“塞上江南”闻名于世。灌区以青铜峡枢纽为界，分为卫宁和青铜峡两大灌区，分别引用沙坡头和青铜峡水利枢纽水源进行灌溉。全灌区辖 13 个县（市/区）及 15 个国营农林牧场，有唐徕渠、泰民渠、大清渠、惠农渠、汉延渠、西干渠、秦渠、汉渠、东干渠、马莲渠、美利渠、跃进渠、七星渠、羚羊角渠、羚羊寿渠等大中型引水总干渠2条、干渠15条，总长度（含总干渠）1097km。设计灌溉面积28.47万公顷（427万亩），现状灌溉面积37.27万公顷（559万亩），设计供水能力816m^3/s，总干渠引水能力757 m^3/s，现状供水能力762 m^3/s（包括直接从干渠扬水量）。此外，在固原市清水河、泾河、葫芦河等流域有小型引水工程73处，有效灌溉面积1.21万公顷（18.1万亩），见表2-8。

表2-8 引黄灌区工程概况

渠道名称	流经县（市/区）	长度/km	引水能力/m^3/s	实灌面积/万公顷	建设年代
合计		1087.1	762.0	37.3	
青铜峡河西灌区		576.7	433.5	24.6	
1. 汉延渠		101.5	80.0	3.8	汉代
2. 唐徕渠	青、永、银、贺、平	154.6	152.0	8.0	汉代
3. 大清渠	青、永、银、贺	25.0	25.0	0.7	清代
4. 惠农渠	青铜峡	139.0	97.0	7.4	清代
5. 西干渠	青、永、银、贺	112.6	60.0	4.2	1960
6. 泰民渠	青、永、银、贺、平	44.0	19.5	0.6	清代
青铜峡河东灌区		174.0	180.0	5.9	
1. 秦渠	青铜峡、利通、灵武	51.5	73.0	2.7	汉代
2. 汉渠	青铜峡、利通、灵武	41.0	42.0	1.3	汉代
3. 马莲渠	青铜峡、利通	27.2	20.0	0.5	
4. 东干渠	青铜峡、利通、灵武	54.3	45.0	1.5	1976
卫宁灌区		336.4	148.5	6.8	
1. 美利渠	中卫	113.0	45.0	1.9	元代
2. 羚羊角渠	中卫	15.5	1.5	0.1	明代
3. 羚羊寿渠	中卫	32.3	13.0	0.7	明代
4. 跃进渠	中卫、中宁	88.0	28.0	0.9	1958
5. 七星渠	中卫、中宁	87.6	61.0	3.3	明代

3. 地下水工程

地下水供水工程主要有城市自来水井、厂矿企业自备水井和农村机电井。2015 年全区共有供水机电井 7539 眼，其中自备井约 1300 眼、自来水井 270 眼。

2.2.2 用水系统

用水系统主要由工业用水、农业用水、城镇生活用水、农村人畜用水及生态环境用水构成。

2015 年宁夏引黄灌区取水量 65.62 亿 m^3，其中引黄河水 59.68 亿 m^3，取当地地表水 0.73 亿 m^3，取地下水 5.21 亿 m^3。各行业取水中，农业取水量最多，为 59.14 亿 m^3，占总取水量的 90.1%；工业取水量 3.65 亿 m^3，占总取水量的 5.6%；生活取水量 1.41 亿 m^3，占总取水量的 2.2%（城镇生活取水量 1.08 亿 m^3，占总取水量的 1.7%；农村人畜取水量 0.33 亿 m^3，占总取水量的 0.5%）；湖泊湿地生态补水量 1.41 亿 m^3，占总取水量的 2.1%。2015 年宁夏引黄灌区的农业、工业、生活、生态用水比例是 90.1:5.6:2.2:2.1，宁夏全区的农业、工业、生活、生态用水比例是 90.4:5.1:2.5:2.0，全国为 62.0:23.7:12.3:2.00，由此可以看出引黄灌区用水结构明显不合理，农业用水比例偏高。2015 年引黄灌区农业、工业、生活、生态用水比例见图 2.5。

各行政分区取水量中，平罗县最多，为 10.57 亿 m^3，占引黄灌区总取水量的 16.1%；贺兰县次之，为 8.56 亿 m^3，占 13.1%；银川市为 8.2 亿 m^3，占 12.5%；大武口区最少，为 1.26 亿 m^3，仅占 1.9%。各行业取水量中，农业取水量最多的是平罗县，为 9.98 亿 m^3，占农业总取水量的 16.9%；工业取水量最多的是惠农区，为 0.8 亿 m^3，占工业总取水量的 21.9%；生活取水量最多的是银川市，为 0.65 亿 m^3，占生活总取水量的 46.1%；生态取水量最多的是平罗县，为 0.33 亿 m^3，占生态总取水量的 23.4%。

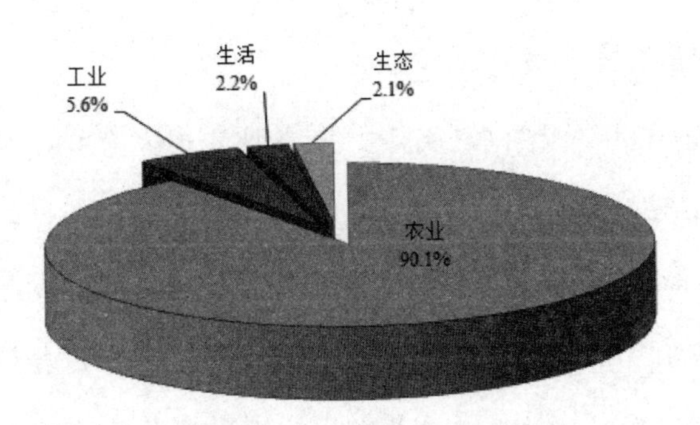

图2.5 宁夏引黄灌区2015年各行业取水量百分比

2.2.3 开发利用存在的问题

1. 水资源供需矛盾突出

受自然条件和工程条件的影响，宁夏引黄灌区资源型、工程型、水质型缺水现象并存。资源型缺水主要集中在中部干旱风沙区和南部沟壑区，农业缺水和人畜饮水困难问题严重；工程型缺水问题在北部引黄灌区和南部沟壑区都不同程度地存在，由于缺乏大型的调蓄工程，枯水年和季节性缺水问题突出，引黄灌区下游一些地区尤为严重；水质型缺水问题集中在中部风沙区、南部沟壑区，主要为广泛分布的高矿化度苦咸水。近年来，黄河上游来水减少，全区农业、生态、工业和城市缺水问题日益凸现，引发水事纠纷，甚至影响到经济发展和社会稳定。

2. 水管理体制机制亟待完善

宁夏引黄灌区水资源管理的体制还有待于进一步完善，引黄灌区的银川市、吴忠市、石嘴山市和中卫市都成立了水务局，但还没有形成真正的水务管理体制，如地表水与地下水、供水与排水、城市与农村、治污与回用各环节仍由各部门独自管理，没有形成水资源统一管理的体制。引黄灌区对于水资源管理的机制建设也有待于进一步加强，自主节水机制薄弱，对于节水方面的管理制度和体系不完善、不健全；虽然对水权转让进行了初步探索，但还没有建立真正的水市场；各行业对水资源均存在不同程度的浪费，公众节水意识有待进一步提高。

3. 水资源利用效率和效益有待提高

宁夏引黄灌区农业灌溉用水占总用水量的比重很大，2015 年农业用水量占总用水量比例为 90.1%，工业用水量仅占 5.6%，宏观用水效益低。对于农业用水，由于灌区水利工程设施配套标准低、老化失修，造成渠道严重渗漏，目前自流灌区灌溉水利用系数仅 0.46 左右，比全国平均水平要低 3 个百分点。工业万元增加值取水量为 173m^3，低于全国平均水平，是全国平均水平的 0.88 倍，工业用水重复利用率为 60%，低于全国平均水平 10 个百分点；灌区污水处理回用率非常低，与水资源短缺形势很不匹配。而城市生活用水节水器具普及率为 40%，供水管网漏损率为 15%，也较全国平均水平偏低。

4. 水资源调控手段与管理能力亟待加强

长期以来，宁夏引黄灌区在用水管理方面显得较为被动，而且管理手段和管理水平相对落后，水资源费、水价及污水排放等相关费用比较低，各行业的节水意识不强，用水管理主要依靠行政计划手段来完成。具体表现为农业灌溉用水管理粗放，有的灌区不是以水量多少来收费，而是按照灌水亩数均摊收费，造成用水浪费的现象；支斗渠以下量水及调控设施落后且缺乏，田间工程不配套；对各行业节水投入资金有限，先进节水器具及节水技术推广进展速度缓慢；信息化管理方面水平较低。另外，由于水费相对较低，一些工矿企业自备井较多，造成无序开采地下水的问题也比较突出。

5. 高成本水工程可持续运行面临困难

引黄灌区主要是机电井正常运行和维护问题，目前机电井大多属于闲置状态，只是偶尔用来应急。中部地区主要是扬黄工程的可持续运营问题，受投资和能耗大等因素的影响，运行费用相当高，但供水对象是农业，水价承受能力较低，水费收支缺口较大，一直采取政府补贴的方式维持运行，这样导致工程综合效益不能有效发挥出来。南部沟壑区主要是水库运行和效益发挥问题，由于水库绝大多数都兴建在黄土丘陵地区，淤积问题严重，不得不采取空库迎汛，往往造成蓄水不足和效益下降，此外城市污水处理设施正常运营也面临着困难。

6. 水生态环境恶化威胁不容忽视

随着社会经济的发展和人口的增长，工业废水和生活污水的排放量也在不断增加，全区 2015 年废污水排放量达 3.0 亿吨，城市污水日处理能力 37 万吨，占废污水排放总量的 45%。由于各种原因，一半以上的工业废水不达标甚至未经处理就直接排放，排入河流或湖泊中，造成水污染的形势越来越严重。随着人口增加及城市化进程的加快，湖泊、湿地面积越来越小，天然草场退化和水土流失严重问题均未得到有效解决。

2.3 小结

本章介绍了宁夏引黄灌区的自然地理概况、社会经济概况和水资源现状，分析了水资源开发利用现状以及开发利用存在的问题。

第 3 章　利用 SWAT 模型构建引黄灌区分布式水文模型

SWAT（Soil and Water Assessment Tool）模型是美国农业部（USDA）[108]农业研究局（ARS）研制开发的分布式流域水文模型，是目前国际上相对比较先进的流域水文模型，主要用于模拟地表水和地下水的水质及水量，可以长期预测土地管理措施对具有多种土壤、土地利用和管理条件的大面积复杂流域的水文、泥沙和农业化学物质的影响。

黄河在宁夏中卫市的下河沿为入口，流经引黄灌区的中宁县、青铜峡市、利通区、灵武市、永宁县、银川市、贺兰县、平罗县、大武口区和惠农区，在石嘴山流入内蒙古自治区。在黄河干流上有 3 个水文站：下河沿水文站、青铜峡水文站和石嘴山水文站。

3.1　SWAT 模型概述

从模型结构看，SWAT 模型在每一个子流域（或网格单元）上先用传统的概念性模型来推求净雨，然后进行汇流演算，最后得到出口的断面流量。SWAT 模型可以模拟层间流、地下水流、河段演算输移损失以及通过河流、水库、山谷运动的化学物质和泥沙量，可以读入观测到的流量数据和点源数据，也可用于实现缺乏收集输入数据地区的相关模拟。SWAT 模型方便地提取土地利用、土壤类型、气象、农业活动和其他输入数据的能力使其能够对大流域进行模拟。在建模方面，SWAT 模型对水循环的每个环节都对应有子模块，设计思路先进，这样的设计方法对于模型的扩展和应用非常有利。模型在流域过程和土地利用活动之间建立了重要的联系，因此可以对流域管理中各种决策的适用性进行评估，根据不同的研究目的可选取不同的子模型。在运行方式上也非常独特，SWAT 模型采用特定的命令代码控制方式，用于控制水流在河网中及子流域间的演进过程。目前，很多国家和地区的水资源决策者将 SWAT 模型当成水资源保护和管理规划的必备工具。SWAT 模型具有以下 4 个特点：

（1）SWAT 模型属于物理模型。SWAT 模型可以用流域内的动植物生长，营养物质循环，气象、土壤属性、植被、地形和土地管理措施的特定信息等来描述输入变量和输出变量之间的关系，而不使用回归方程来描述二者的关系，并可以使用输入数据对流域进行模拟。其优点在于可以对无监测数据的流域进行模拟，对可替代性输入数据或者其他相关变量的相对影响进行量化。

（2）运算效率高。如果流域所涉及的面积大或者管理决策较多时，用 SWAT 模型进行模拟所需要的时间相对较少。

（3）SWAT 模型属于连续时间模型，可以进行长期模拟。

（4）SWAT 模型将所研究的流域划分为多个子流域进行模拟。

3.2 SWAT 模型基本原理

SWAT 模型根据河网水系将所研究的流域划分为多个子流域，保持流域地理位置及子流域之间的空间关系，各子流域内有不同的气象、水文、土地利用、土壤、农业管理措施、农药施用等，然后依据土地利用类型和土壤类型等因素及其共有属性将子流域划分为多个水文响应单元（Hydrologic Response Units，HRUs）。以水文响应单元为最小水文模拟单元模拟水分循环的各个部分及其定量转化关系，然后汇总子流域内各个水文响应单元的沉积、产流和非点源负荷量，最终通过河网汇流演算求得流域的水分平衡关系。

用 SWAT 模型对流域进行模拟的过程中水平衡是至关重要的，流域的水文模拟分为两部分：一部分是水循环的陆地阶段，主要用来控制进入子流域的水、沉积物、富营养物质以及杀虫剂的数量；另一部分是水循环的演算阶段，用于定义通过流域水网到流域出口部分的水、沙等物质的运动。SWAT 模型模拟水循环的陆地阶段采用如下水量平衡表达式：

$$SW_t = SW_0 + \sum_{i=1}^{t}(R_{\text{day}} - Q_{\text{surf}} - E_{\text{a}} - w_{\text{seep}} - Q_{\text{gw}})$$

其中，SW_t 为土壤最终含水量（mm），SW_0 是土壤初始含水量（mm），t 为时间步长（day），R_{day}、Q_{surf}、E_{a}、w_{seep}、Q_{gw} 分别为第 i 天降水量、地表径流、蒸发量、土壤含水层侧向流水量和下渗量、地下水含量（mm）。

SWAT 模型水文循环的陆地阶段主要由气象、水文、沉积、植被生长、土壤温度、杀虫剂、营养物质和农业管理等部分组成，而 SWAT 模型水文循环的演算阶段分为主河道和水库两部分，主要决定水、沙等物质从流域河网向流域出口的输移运动。SWAT 模型具有很多模块，根据所模拟的对象及内容，这些模块可以单独运行，也可以组合其中的若干模块来运行模拟。对于各个组件的原理在 SWAT 模型的用户手册中均有详细介绍，这里不再阐述。SWAT 模型所采用的结构设计属于模块化的，充分体现了从降水开始到流域径流形成的具体环节，模拟结构如图 3.1 所示。

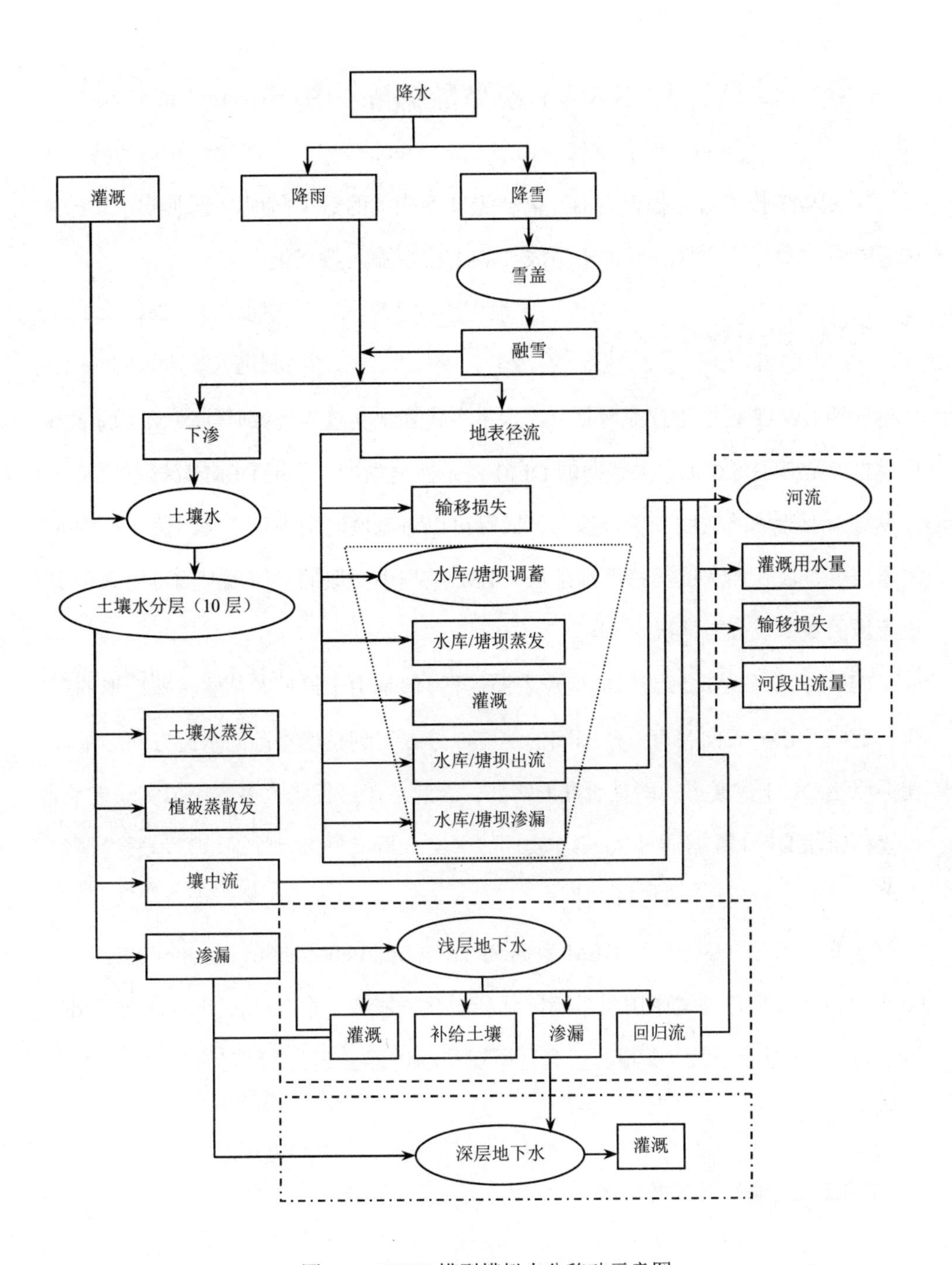

图 3.1 SWAT 模型模拟水分移动示意图

3.3 SWAT模型数据库的构建

用SWAT模型进行模拟之前，需要先准备相关的数字高程、土地利用、土壤图及相关的数据库文件，以便于生成SWAT模型输入数据集。

3.3.1 DEM数据

应用SWAT模型进行流域划分、水系生成和水文过程模拟时，DEM（数字高程模型）是必不可少的。最普通的DEM图是网格型的，应用DEM数据不但可以计算每个亚流域的坡度、坡长参数，而且可以对流域河网进行定义。流域河网的河道坡度、坡长和宽度等特征都是从DEM数据中提取的，流域河网可用来确定亚流域的数量及分布情况。

DEM大部分是比较光滑的地形表面模型，但是由于误差及某些特殊地形的存在，造成DEM表面会有一些凹陷的地区，导致得到精度不高的水流方向结果，使得原始DEM数据不能满足研究的需要。因此，在进行绝大多数模拟实验之前，都会将原始DEM数据通过ArcGis软件的水文分析模型进行洼地填充，最终得到满足研究需要的无洼地DEM数据。

这里所使用的高分辨率DEM数据SRTM（Shuttle Radar Topography Mission）90米分辨率数据可通过中国科学院国际科学数据服务平台（http://datamirror.csdb.cn/index.jsp）进行下载，并根据研究区所属范围进行了裁剪，研究流域的DEM数据如图3.2所示。

3.3.2 土地利用数据

应用SWAT模型模拟流域水资源，土地利用图是非常重要的，人类对流域内的地形和土壤不会轻易去改变，但是土地利用却会被人类所改变，因此建议使用最新的土地利用图进行模拟。对比土地利用分布图的投影坐标体系，如果与研究中设定的不同，则需要利用 ArcToolbox 的投影模块 Projections 对其进行投影转换。对土地利用图定义的种类要进行二次分类，依据 SWAT 的陆地覆盖/植被类型数据库以及城市数据库所确定的分类进行，并生成要求格式的查询表，从而便于对土地利用图上的每种土地利用类型确定其在 SWAT 模型中的代码（要求 4 个字符）。

图 3.2 黄河流域宁夏段数字高程（DEM）图

本章收集到的全国土地利用图为 shp 格式，先按照流域的边界进行裁剪，然后将其转化为 Grid 格式。由于 SWAT 模型的土地利用分类体系是按照美国的分类体系进行分类的，与我国的土地利用分类系统不同，所以需要对土地利用类型进行重分类，将土地利用图中的代码转化为 SWAT 模型能够识别的代码。参考《土地利用现状分类标准（GB/T21010－2007）和 SWAT 模型自带的土地利用属性数据库，建立引黄灌区土地利用数据库。重分类的流域土地利用类型见表 3-1，在 SWAT 模型中加载 landuse 查找表文件后得到重分类的土地利用图，如图 3.3 所示。

表 3-1 重分类流域土地利用类型

原分类及编码		重新分类及编码			面积/km^2	占总面积百分比/%
编号	土地利用类型	编码	SWAT 中类型	SWAT 代码		
11	水田	1	Agricultural Land Generic	AGRL（耕地）	3750	45
12	旱地					
21	有林地	2	Forest-Mixe	FRST（林地）	217	2.6
22	灌木林					
23	疏林地					
24	其他林地					
31	高覆盖度草地	3	Pasture	PAST（草地）	1117	13.4
32	中覆盖度草地					
33	低覆盖度草地					
41	河渠	4	Water	WATR（水体）	708	8.5
42	湖泊					
43	水库坑塘					
46	滩地					
64	沼泽地					
52	农村居民点	5	Urban	URBAN（建设用地）	393	4.7
51	城镇用地					
53	其他建设用地					
61	沙地	6	Bare	BARE（裸地）	2154	25.8
62	戈壁					
63	盐碱地					
65	裸土地					
66	裸岩石砾地					
67	其他					

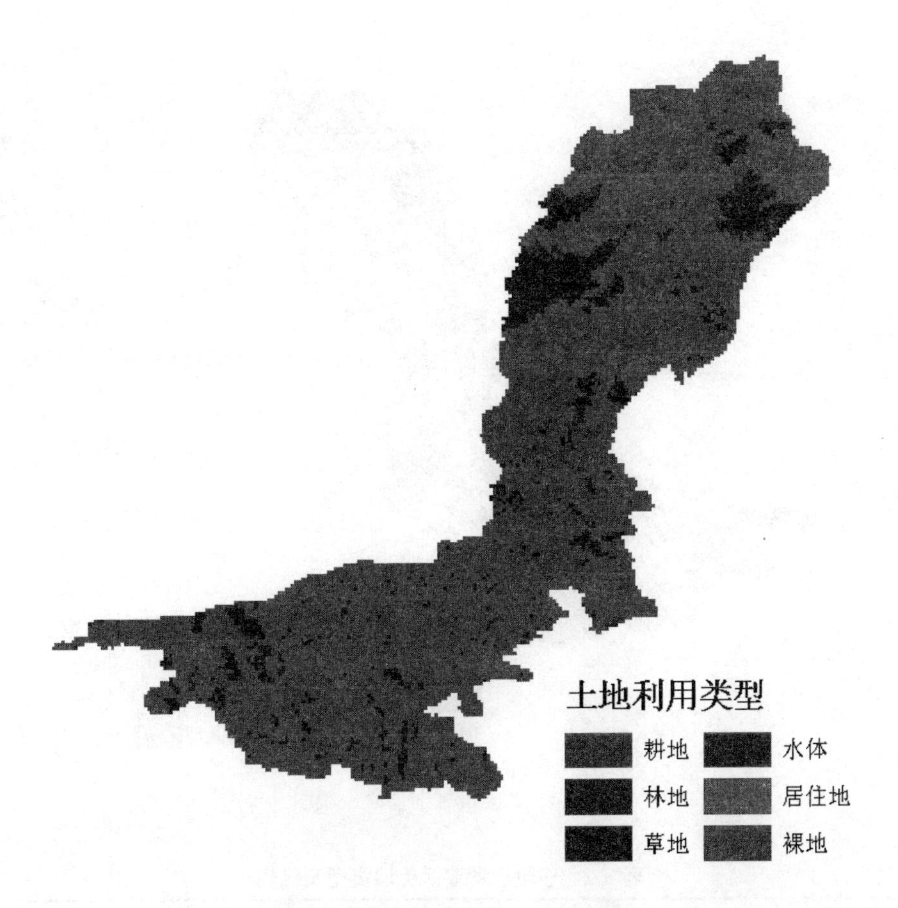

图 3.3　黄河流域宁夏段土地利用图

3.3.3　土壤数据

本章收集到的全国土壤类型图为 shp 格式，同土地利用类型一样，先按照流域的边界进行裁剪，然后将其转化为模型所需的 Grid 格式，最终得到流域的土壤图，如图 3.4 所示。

宁夏引黄灌区的土壤类型主要有淡灰钙土、新积土、风沙土、钙质粗骨土、潮土、湿潮土、盐化潮土、表锈潮土、灌淤潮土、草甸盐土、潮灌淤土、表锈灌淤土 12 类，其中淡灰钙土分布最广，占总面积的 35.66%，其次是风沙土和新积土，引黄灌区土壤类型及 SWAT 模型代码见表 3-2。

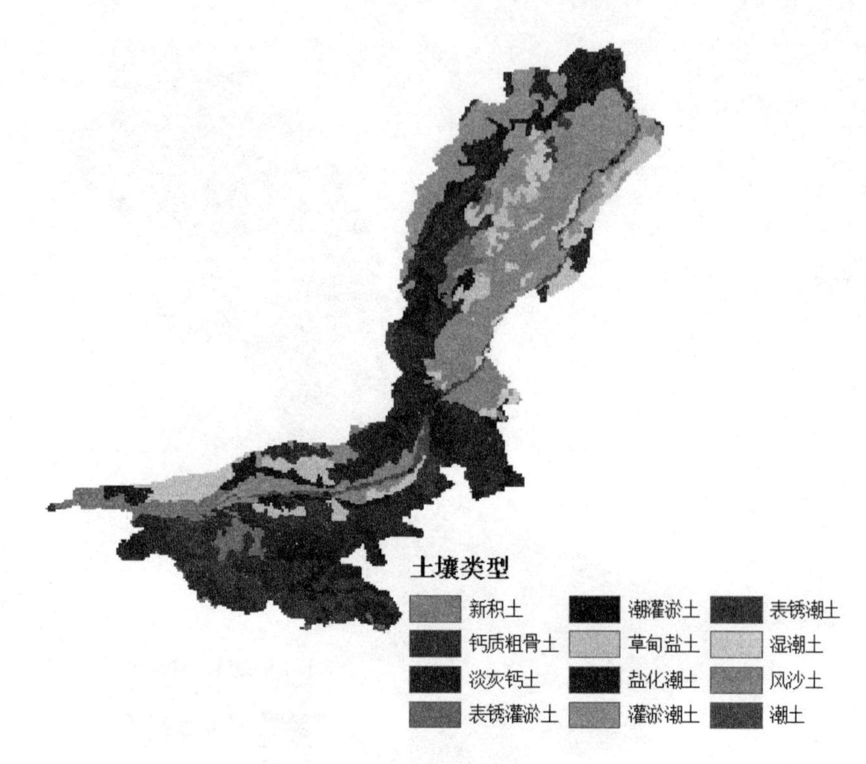

图 3.4 黄河流域宁夏段土壤图

表 3-2 宁夏引黄灌区土壤类型及代码

土壤类型	土壤原代码	SWAT 模型代码	所属土类	面积/万公顷	所占比例
淡灰钙土	23113112	DHGT	灰钙土	77.2	35.66
新积土	23115122	XJT	新积土	36.8	17.00
风沙土	23115143	FSHT	风沙土	39.7	18.36
钙质粗骨土	23115194	GZHCGT	粗骨土	18.5	8.53
潮土	23116141	CHT	潮土	2.6	1.20
湿潮土	23116144	SHCHT	潮土	1.7	0.77
盐化潮土	23116145	YHCHT	潮土	3.8	1.76
表绣潮土	23116146	BXCHT	潮土	1.7	0.80
灌淤潮土	23116147	GYCHT	潮土	3.2	1.48
草甸盐土	23118101	CDYT	盐土	8.7	4.00
潮灌淤土	23119113	GCHYT	灌淤土	9.2	4.25
表绣灌淤土	23119114	BXGYT	灌淤土	13.4	6.19

用 SWAT 模型进行模拟时，需要用到的土壤数据主要包括两大类：化学属性数据和物理属性数据。化学属性是可选的数据，土壤的化学属性主要用于给模型赋初始值，而物理属性是必需的，土壤的物理属性对水文响应单元水循环起着非常重要的作用，决定着土壤剖面中水和气的运动状况。模拟之前需要将各类土壤的水文、水传导属性输入 SWAT 模型中，并将其分为两类参数，分别按土壤类型和土壤层输入。按照土壤类型输入的参数包括以下 4 种：

（1）每种土壤所属的水文单元组。

（2）植被根系的最大深度。

（3）土壤表层到最底层的深度。

（4）土壤孔隙比。

按照土壤分层输入的数据包括以下 8 种：

（1）土壤表层到各土壤层的深度。

（2）土壤容重。

（3）有效田间持水量。

（4）饱和导水率。

（5）每层土壤中 CLAY（黏粒）、SILT（粉沙）、SAND（砂粒）、ROCK（砾石）的含量。

（6）USLE 方程中的土壤可蚀性因子 K。

（7）田间土壤反照率。

（8）土壤电导率。

其中，最重要的一组数据是土壤粒径级配数据，对模拟结果的精度有重要的影响作用。研究中所用到的土壤粒径组成、土壤分层、有机质含量等均可以从《宁夏土壤》中查到。

我国的土壤质地标准采用的是国际制和卡钦斯基制，而 SWAT 模型中所采用的土壤粒径标准为美国制，因此国内数据无法在 SWAT 模型中直接使用，使用时需要将土壤粒径由国际制转化为美国制，两种划分标准见表 3-3。

表 3-3 土壤粒径划分

国际制		美国制	
粒径范围/mm	名称	粒径范围/mm	名称
>2	砾石	>2	砾石
0.2～2	粗砂粒	0.05～2	沙粒
0.02～0.2	细砂粒	0.002～0.05	粉沙
0.002～0.02	粉粒	<0.002	黏粒
<0.002	黏粒		

土壤质地转换有不同的方法，一般来说参数形式的土壤粒径分布模型更适合于通用模型，因为其更便于标准程序的编制以及来源不同的粒径分析资料的对比和统一，这里采用双参数修正的经验逻辑生长模型对土壤质地进行了转换。利用 1stOpt 软件中非线性拟合程序的 Levenberg-Marquardt+通用全局优化算法，并通过相关的回归迭代求得参数 u 和 c 的值，最终确定 CLAY（黏粒）、SILT（粉沙）、SAND（砂粒）、ROCK（砾石）的含量（见表 3-4）。在程序算法界面中输入算法，如图 3.5 所示。

表 3-4 转换后的土壤粒径组成

亚类名称	层数	剖面深度	粒径含量/%		
			<0.002	0.002～0.05	0.05～2
湿潮土	1	0～16	21.50	65.78	12.72
	2	16～28	17.70	60.70	21.60
	3	28～50	35.00	53.32	11.68
	4	50～70	13.00	65.00	22.00
淡灰钙土	1	0～12	5.90	60.65	33.45
	2	12～23	7.70	55.82	36.48
	3	23～41	12.20	45.30	42.50
	4	41～60	11.00	44.84	44.16
	5	60～80	9.20	50.77	40.03

续表

亚类名称	层数	剖面深度	粒径含量/%		
			<0.002	0.002～0.05	0.05～2
潮土	1	0～13	4.00	27.67	68.33
	2	13～39	3.50	24.00	72.50
	3	39～65	3.50	29.00	67.50
	4	65～81	14.50	62.33	23.17
	5	81～119	3.20	29.72	67.08
	6	119～165	10.20	61.80	28.00
灌淤潮土	1	0～20	33.50	48.29	18.21
	2	20～29	47.90	46.67	5.43
	3	29～70	44.10	48.39	7.51
	4	70～118	46.10	50.87	3.03
	5	118～149	28.00	62.67	9.33
	6	149～180	6.70	46.12	47.18
潮灌淤土	1	0～20	32.00	51.24	16.76
	2	20～38	31.20	53.97	14.83
	3	38～65	30.00	55.54	14.46
	4	65～100	25.00	49.99	25.01
	5	100～150	29.90	60.65	9.45
	6	150～180	2.60	1.08	96.32
新积土	1	0～17	13.50	40.25	46.25
	2	17～31	24.50	61.80	13.70
	3	31～41	14.00	85.56	0.44
	4	41～60	13.50	33.47	53.03
	5	60～74	14.50	58.11	27.39
	6	74～100	17.50	52.16	30.34
盐化潮土	1	0～30	40.50	46.70	12.80
	2	30～70	18.10	70.79	11.11
	3	70～110	9.10	69.55	21.35
	4	110～150	9.90	15.83	74.27

续表

亚类名称	层数	剖面深度	粒径含量/%		
			<0.002	0.002～0.05	0.05～2
风沙土	1	0～25	3.00	9.06	87.94
	2	25～48	7.00	1.53	91.47
	3	48～90	3.80	0.40	95.80
	4	90～130	7.20	7.45	85.35
	5	130～150	8.20	1.36	90.44
表锈潮土	1	0～18	25.00	61.78	13.22
	2	18～49	19.50	70.46	10.04
	3	49～92	24.00	70.23	5.77
	4	92～122	3.50	36.54	59.96
	5	122～159	2.80	28.95	68.25
	6	159～190	1.50	18.28	80.22
草甸盐土	1	0～8	8.80	55.26	35.94
	2	8～31	7.00	69.66	23.34
	3	31～53	2.50	91.65	5.85
	4	53～105	5.00	73.64	21.36
	5	105～153	9.00	1.60	89.40
	6	153～180	2.20	97.51	0.29
表锈灌淤土	1	0～21	22.50	60.82	16.68
	2	21～40	26.00	62.15	11.85
	3	40～62	28.50	62.30	9.20
	4	62～103	24.50	64.29	11.21
	5	103～135	25.50	65.42	9.08
	6	135～180	28.50	64.18	7.32
钙质粗骨土	1	0～15	10.50	24.58	64.92
	2	15～35	11.00	22.92	66.08
	3	35～52	19.00	30.67	50.33

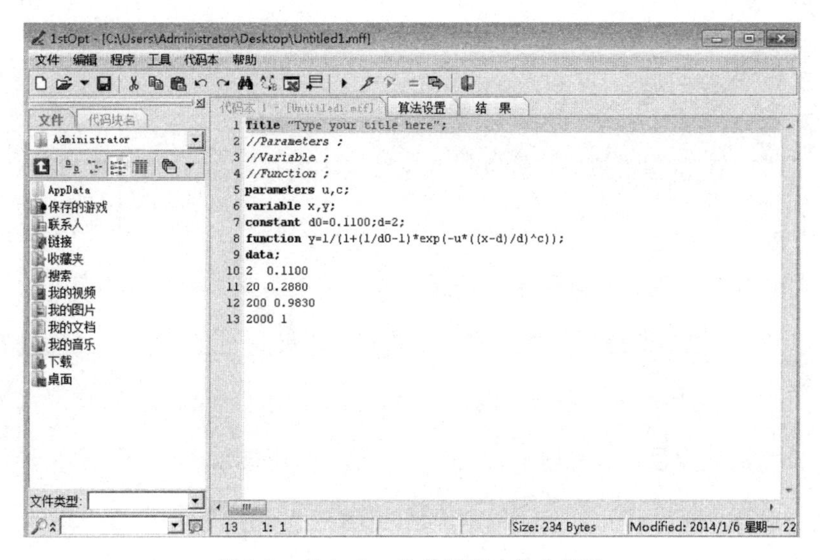

图 3.5 在 1stOpt 软件界面中输入算法

其他土壤参数如土壤容重、有效田间持水量、饱和导水率等通过美国华盛顿州立大学开发的土壤水特性软件 SPAW 中的 Soil-Water-Characteristics（SWCT）模块计算得出，软件操作界面如图 3.6 所示。对于土壤侵蚀力因子，在土壤的有机碳和颗粒组成资料已知的基础上，利用 EPIC 模型中土壤可蚀性因子 K 值的估算方法即可计算。

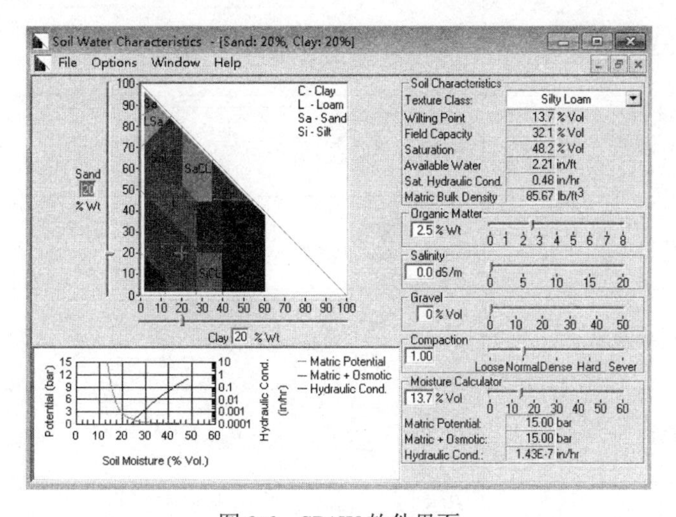

图 3.6 SPAW 软件界面

3.3.4 气象数据

运用 SWAT 模型模拟需要的逐日气象数据主要有最高/最低气温、降水量、风速、太阳辐射和相对湿度等。如果实测数据存在部分缺失，SWAT 模型定义了天气发生器，用于对缺失的数据进行补充。天气发生器要求输入流域相关的气象数据，至少 20 年以上的逐月气象数据，主要有月均最高气温（℃）、月均最低气温（℃）、最高气温标准差、最低气温标准差、月均降水量（mm）、月均降水量标准偏差、降水的偏度系数、月内干日（dry d）数、月内湿日（wet d）数、平均降水天数（d）、露点温度（℃）、月均太阳辐射量[KJ/(m^2.d)]、月均风速（m/s）和最大半小时降水量（mm）。天气发生器各参数计算公式见表 3-5。

表 3-5 天气发生器各参数计算公式

参数	公式
月平均最高气温/℃	$\mu_{\max,mon} = \sum_{d=1}^{N} T_{\max,mon} / N$
月平均最低气温/℃	$\mu_{\min,mon} = \sum_{d=1}^{N} T_{\min,mon} / N$
最高气温标准偏差	$\sigma_{\max,mon} = \sqrt{\sum_{d=1}^{N} (T_{\max,mon} - \mu_{\max,mon})^2 / (N-1)}$
最低气温标准偏差	$\sigma_{\min,mon} = \sqrt{\sum_{d=1}^{N} (T_{\min,mon} - \mu_{\min,mon})^2 / (N-1)}$
月均降水量/mm	$\bar{R}_{mon} = \sum_{d=1}^{N} R_{day,mon} / yrs$
月均降水量标准偏差	$\sigma_{mon} = \sqrt{\sum_{d=1}^{N} (R_{day,mon} - \bar{R}_{mon})^2 / (N-1)}$
降水的偏度系数	$g_{mon} = N\sum_{d=1}^{N} (R_{day,mon} - \bar{R}_{mon})^3 / (N-1)(N-2)(\sigma_{mon})^3$
月内干日数/ d	$P_i(W/D) = (days_{W/D,i}) / (days_{dry,i})$

续表

参数	公式
月内湿日数/ d	$P_i(W/W)=(days_{W/W,i})/(days_{wet,i})$
平均降水天数/d	$\overline{d}_{wet,i}=day_{wet,i}/yrs$
露点温度/℃	$\mu dew_{mon}=\sum_{d=1}^{N}t_{dew,mon}/N$
月均太阳辐射量/[KJ/(m^2.d)]	$\mu rad_{mon}=\sum_{d=1}^{N}H_{day,mon}/N$
月均风速/m/s	$\mu wnd_{mon}=\sum_{d=1}^{N}T_{wnd,mon}/N$

计算采用宁夏中宁、银川、惠农、陶乐 4 个气象站 1990－2017 连续 28 年的日观测数据，包括逐日的最高/最低气温、降水量、风速、相对湿度等，并将上述数据整理成 SWAT 模型所需的.dbf 格式。对于天气发生器逐个计算参数工作量巨大，而采用简单且容易操作的计算程序——SwatWeather.exe 则为模型使用人员节省了大量时间，只要输入一定格式要求的文件即可根据提示进行所需数据的计算与保存。

3.3.5 水文响应单元划分

以往用 SWAT 模型进行模拟时，划分水文响应单元基本都是以自然流域为基础，而宁夏引黄灌区灌溉网络完全是依靠人工水渠完成的，引黄灌区现有大中型引水总干渠、干渠 17 条。研究针对宁夏引黄灌区的实际情况，以人工水渠网络为水系，结合水文响应单元的划分原则将宁夏引黄灌区划分为若干水文响应单元。

3.4 SWAT 模型的率定和验证

SWAT 模型是以美国的水文、气候等环境要素为对象开发的，尽管其计算基于物理过程，然而其核心方程 USLE 是为应用于美国水土流失状况而建立的经验公式。因此，在应用于美国以外的区域时，SWAT 模型需要根据研究区域的实际情况进行敏感性分析，判断哪些输入参数值的变化对所输出的结果比较敏感，通过调整这些参数的值来使模型的模拟值接近于测量值。利用 SWAT 模型参数分析模块，对模型中的参数不断进行调整，调整的过程要结合实际情况和参数的阈值，从而分析并确定哪些参数对结果敏感以及对模拟结果的影响程度，这样会使得模拟更精确。

对模型的输入参数进行敏感性分析之后，将实测的系列数据分为两部分，一部分用于对模型的参数进行率定，另一部分用于对模型进行验证。对模型的参数率定结束之后，用实测的系列数据和模拟的数据进行对比分析，看模拟的精度是否达到要求，验证模型的适用性和可靠性，只有模拟值达到要求时，该模型才能够适用于黄河流域宁夏段的水文模拟。在流域模拟中，对径流模拟结果敏感的参数分别是土壤蒸发补偿系数 $ESCO$、径流曲线数 CN_2 和土壤可利用水量 SOL_AWC。

在用 SWAT 模型进行模拟的过程中，一般选择相对误差 R_e、相关系数 R^2 和 Nash-Suttcliffe 系数 Ens 来评价模型的适用性。相对误差计算公式为：

$$R_e = \frac{Q_p - Q_0}{Q_0} \times 100\%$$

其中，R_e 表示模型模拟的相对误差，Q_0 表示实测值，Q_p 表示模拟值。若 $R_e > 0$，表明模型模拟或预测值偏大；若 $R_e < 0$，表明模型模拟或预测值偏小；若 $R_e = 0$，表明模拟结果与实测值刚好吻合。相关系数 R^2 在 Excel 中应用线性回归法求得，$R^2 = 1$ 表示非常吻合，当 $R^2 < 1$ 时，其值越小说明数据吻合程度越低。

Nash-Suttcliffe 系数 Ens 的计算公式为：

$$Ens = 1 - \frac{\sum_{i=1}^{n}(Q_0 - Q_p)^2}{\sum_{i=1}^{n}(Q_0 - Q_{avg})^2}$$

其中，Q_0为实测值，Q_p为模拟值，Q_{avg}为实测平均值，n为实测数据个数。当$Q_0 = Q_p$时，$Ens = 1$，表明实测值和模拟值的吻合程度非常好；若$Ens < 0$，表明模型模拟平均值比直接使用实测平均值的可信度更低。

3.4.1 模型参数率定

SWAT模型参数率定可采用两阶段Brute Force法。第一阶段，首先对所要率定参数的变化步长进行估计，按照估计的步长在其取值范围内对参数值进行适当调整，然后对参数进行率定，通过计算评价系数值来确定参数最优值取值范围；第二阶段，对最初估计的参数调整步长进一步细化。由于在模型运行初期有些变量对结果有很大影响，如土壤含水量的初始值为0，对模拟结果就有很大影响，因此，针对这种情况需要将模拟初期作为模型运行的启动阶段，从而对模型初始变量做出合理估计。采用数字滤波技术对实测总径流进行基流与直接径流的分割。模型模拟值与实测平均值之差与实测值的百分比即相对误差要在规定的范围，并且模拟月均值的评价系数R^2和Ens也应达到规定的精度标准。如果实测与模拟值的均值满足校准要求，而R^2和Ens没有满足要求，则需要检查并确保充分考虑了模拟降水的空间不均匀性以及植物生长季节模拟的正确。首先对径流进行参数校准，其模拟值与实测值年均误差应小于实测值的20%，月均值的评价系数$R^2 > 0.6$且$Ens > 0.5$[109]；在对基流进行参数校准后再对地表径流应用同样的评价方法进行参数校准，并且考虑调整径流总量参数将影响基流，因此调参过程中需要对基流不断重新检验。然后对泥沙负荷进行参数校准并且模拟值与实测值年均误差应小于实测值的30%，月均值的评价系数$R^2 > 0.6$且$Ens > 0.5$。

研究采用2006－2012年青铜峡水文站和石嘴山水文站的实测月径流量、输沙量数据进行模型参数的调整。图3.7和图3.8为校准期内引黄灌区青铜峡水文站月径流量实测值与模拟值的对比情况，由图可知，模拟值与实测值的变化趋势大概一致，而且峰值的吻合度较高，相对误差R_e在-12.98%和14.58%之间，月均径流量

相关系数 R^2 和 Nash-Suttcliffe 系数 *Ens* 分别为 0.86 和 0.83。

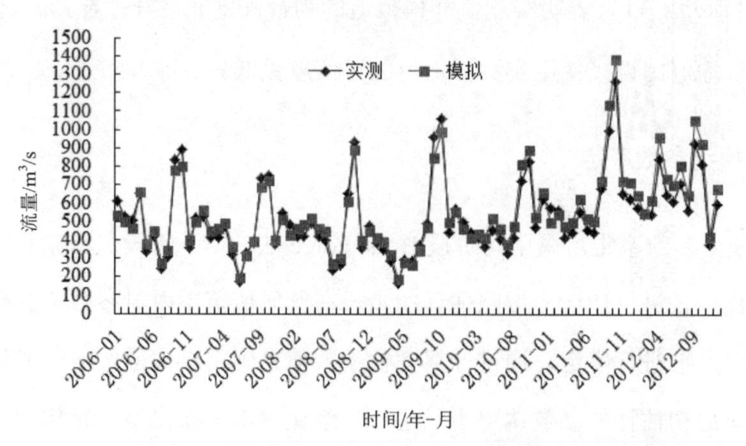

图 3.7 青铜峡水文站校准期月径流量模拟值与实测值

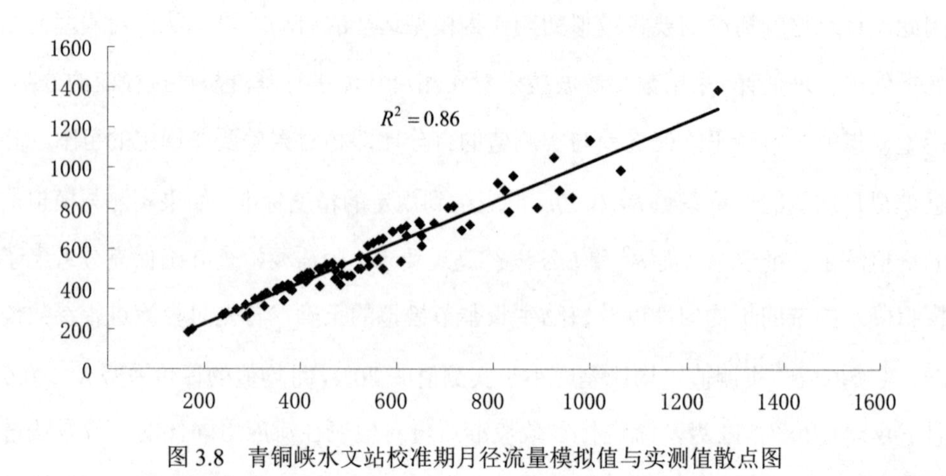

图 3.8 青铜峡水文站校准期月径流量模拟值与实测值散点图

图 3.9 和图 3.10 为校准期内石嘴山水文站月径流量模拟值与实测值的对比情况。结果显示，模拟值与实测值的变化趋势比较吻合，峰值的吻合度较高，相对误差 R_e 在-11.98%和 13.14%之间，月均径流量相关系数 R^2 和 Nash-Suttcliffe 系数 *Ens* 分别为 0.87 和 0.84，均达到模拟评价要求。

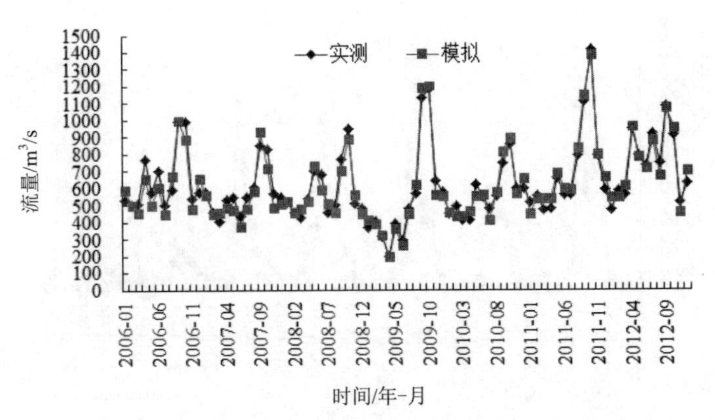

图 3.9 石嘴山水文站校准期月径流量模拟值与实测值

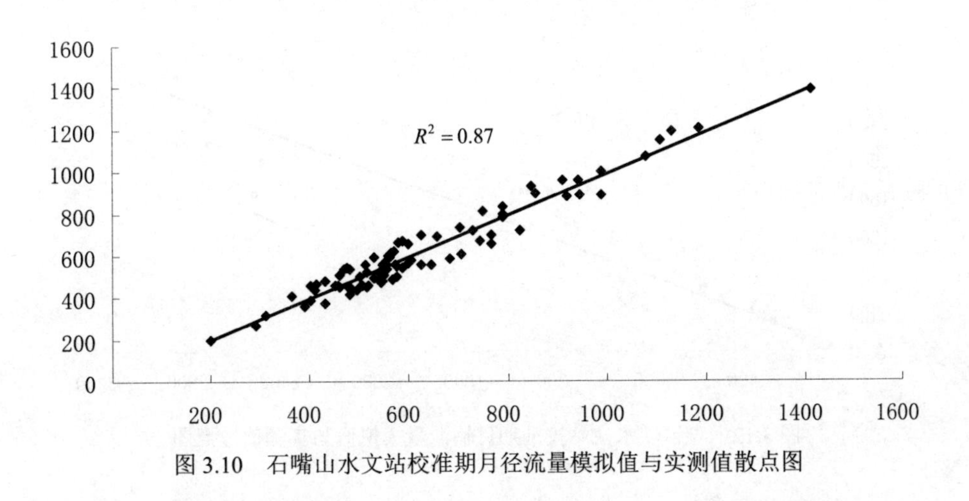

图 3.10 石嘴山水文站校准期月径流量模拟值与实测值散点图

图3.11和图3.12为校准期内引黄灌区青铜峡水文站月输沙量模拟值与实测值的对比情况。结果显示，模拟值与实测值的变化趋势较吻合，峰值的吻合度较高，相对误差 R_e 在-19.95%和 22.58%之间，月均输沙量相关系数 R^2 和 Nash-Suttcliffe 系数 *Ens* 分别为 0.78 和 0.75。图 3.13 和图 3.14 为校准期内石嘴山水文站月输沙量模拟值与实测值的对比情况。结果表明，模拟值与实测值的变化趋势基本一致，峰值位置吻合度较高，相对误差 R_e 在-18.83%和 21.34%之间，月均输沙量相关系数 R^2 和 Nash-Suttcliffe 系数 *Ens* 分别为 0.79 和 0.76，均达到模拟评价要求。

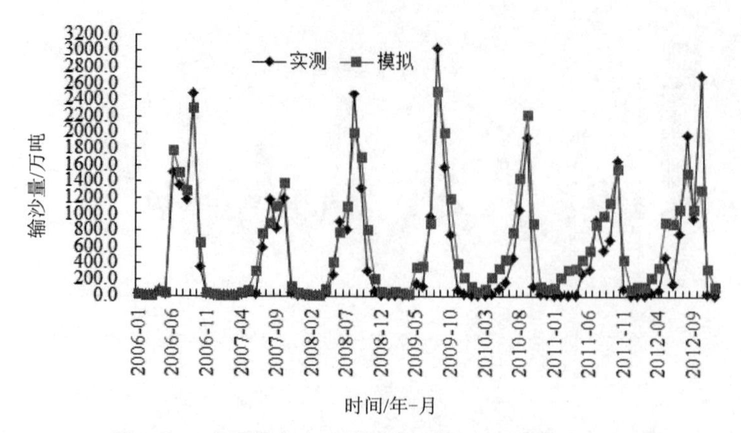

图 3.11　青铜峡水文站校准期月输沙量模拟值与实测值

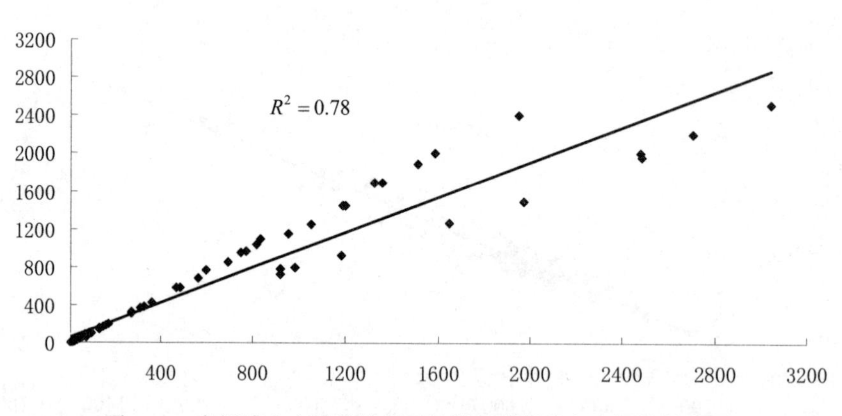

图 3.12　青铜峡水文站校准期月输沙量模拟值与实测值散点图

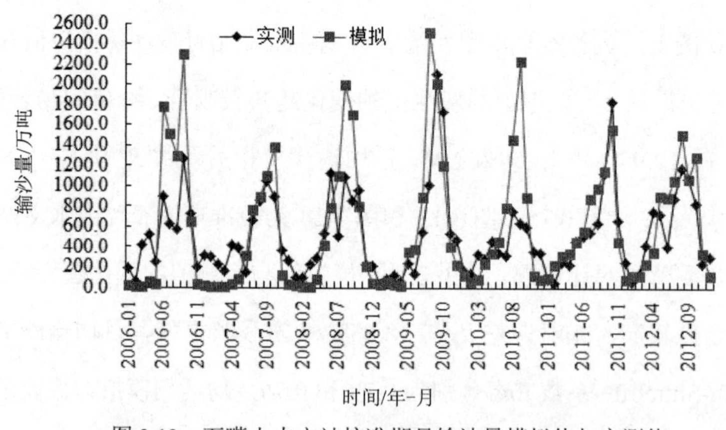

图 3.13　石嘴山水文站校准期月输沙量模拟值与实测值

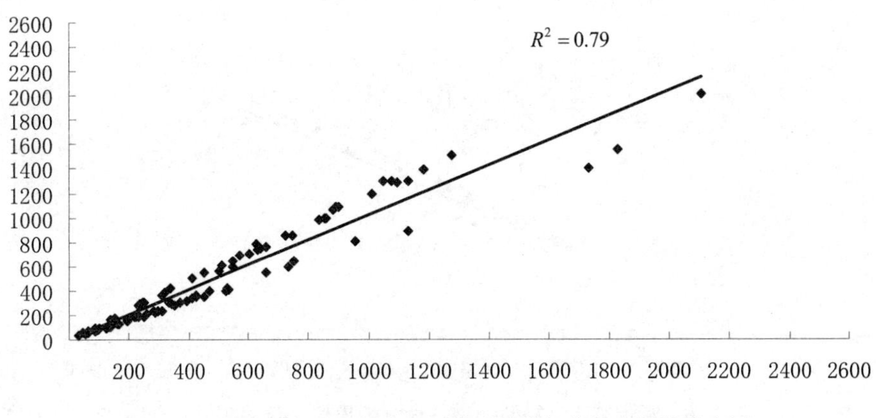

图3.14　石嘴山水文站校准期月输沙量模拟值与实测值散点图

3.4.2　模型验证

采用 2013－2017 年青铜峡水文站和石嘴山水文站的月实测径流量和输沙量数据进行模型验证，应用模型参数率定过程中所得到的参数，并采用相对误差 R_e、相关系数 R^2 和 Nash-Suttcliffe 系数 Ens 对模型的验证结果进行评价。图 3.15 和图 3.16 为验证期内青铜峡水文站月径流量实测值与模拟值的拟合对比情况，相对误差 R_e 在-13.23%和 14.67%之间，月均径流量相关系数 R^2 和 Nash-Suttcliffe 系数 Ens 分别为 0.88 和 0.86。

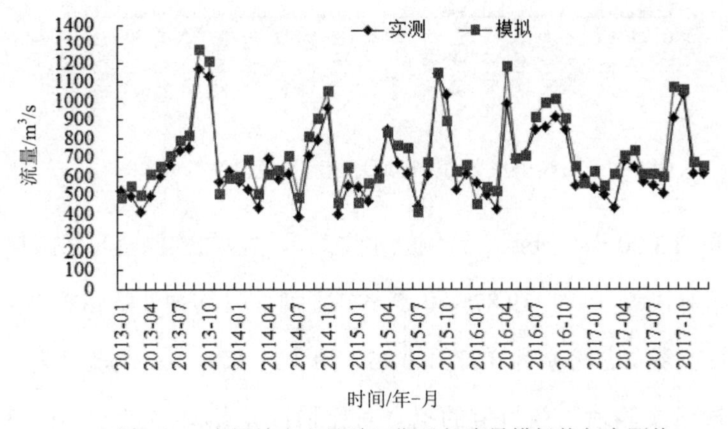

图3.15　青铜峡水文站验证期月径流量模拟值与实测值

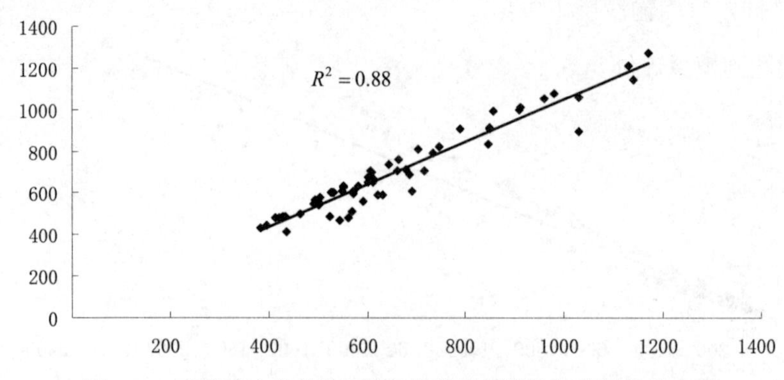

图 3.16 青铜峡水文站验证期月径流量模拟值与实测值散点图

图 3.17 和图 3.18 为验证期内石嘴山水文站月径流量实测值与模拟值的拟合对比情况，相对误差 R_e 在-12.09%和 13.97%之间，月均径流量相关系数 R^2 和 Nash-Suttcliffe 系数 *Ens* 分别为 0.89 和 0.85。模型模拟值和实测值的差异较小，满足模拟要求，该模型能够适用于宁夏引黄灌区的水文模拟。

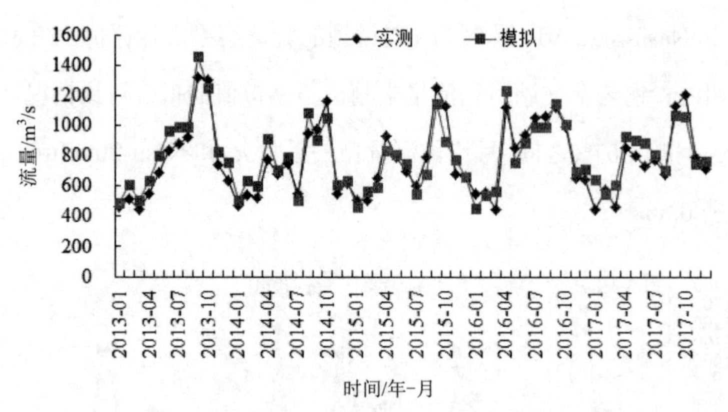

图 3.17 石嘴山水文站验证期月径流量模拟值与实测值

图 3.19 和图 3.20 为验证期内青铜峡水文站月输沙量实测值与模拟值的拟合对比情况，相对误差 R_e 在-19.87%和 22.59%之间，月均输沙量相关系数 R^2 和 Nash-Suttcliffe 系数 *Ens* 分别为 0.77 和 0.75。图 3.21 和图 3.22 为验证期内石嘴山水文站月输沙量实测值与模拟值的拟合对比情况，相对误差 R_e 在-18.83%和

21.57%之间，月均输沙量相关系数 R^2 和 Nash-Suttcliffe 系数 *Ens* 分别为 0.78 和 0.75，均达到模拟评价要求。

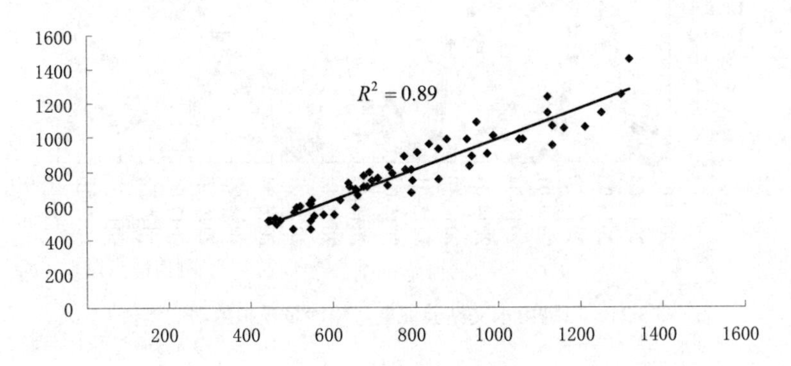

图 3.18　石嘴山水文站验证期月径流量模拟值与实测值散点图

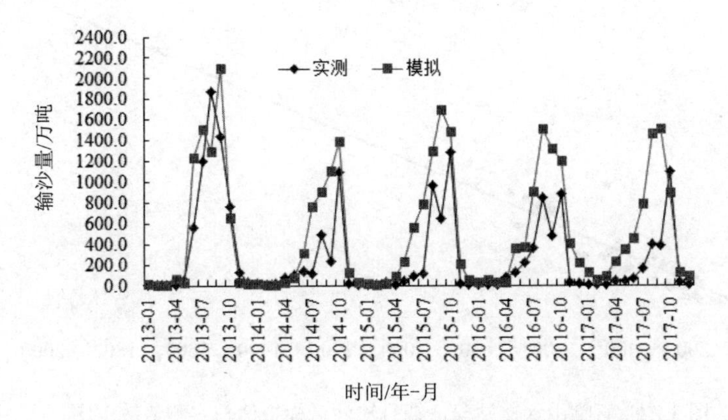

图 3.19　青铜峡水文站验证期月输沙量模拟值与实测值

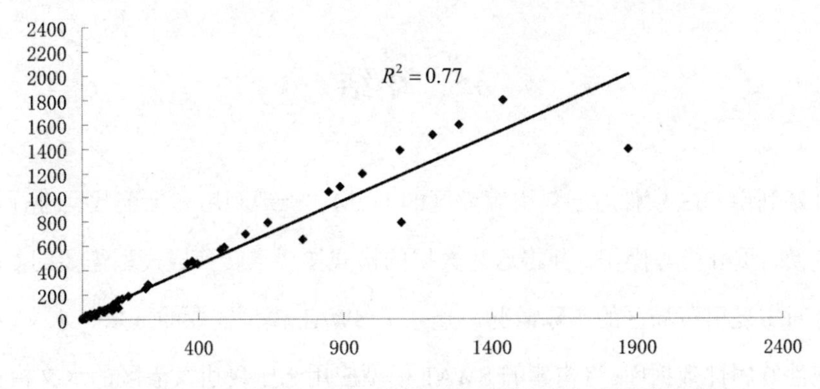

图 3.20　青铜峡水文站验证期月输沙量模拟值与实测值散点图

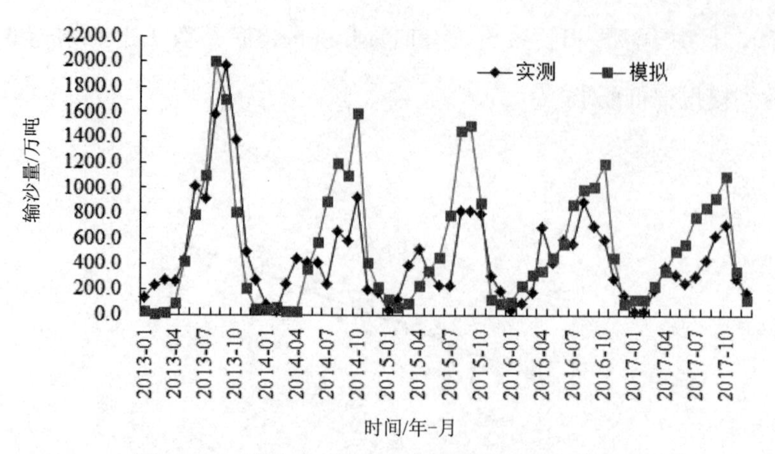

图 3.21 石嘴山水文站验证期月输沙量模拟值与实测值

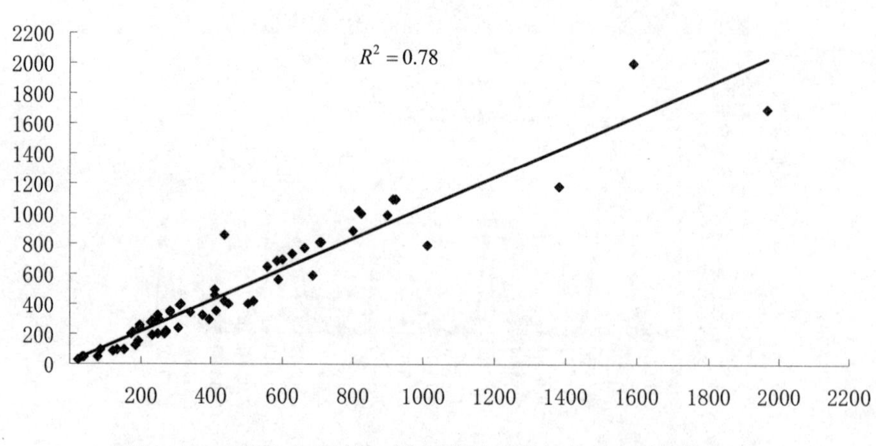

图 3.22 石嘴山水文站验证期月输沙量模拟值与实测值散点图

3.5 小结

本章利用 GIS 软件对宁夏引黄灌区的 DEM、土地利用和土壤数据进行裁剪、投影变换、重分类等操作，并将这些数据的格式按要求转换成模型需要的 Grid 格式；针对宁夏引黄灌区的实际情况，建立了 SWAT 模型需要的气象、水文及土壤物理属性等属性数据库。将构建的 SWAT 模型应用于宁夏引黄灌区的水文模拟中，利用下河沿水文站、青铜峡水文站和石嘴山水文站 2006—2017 年的实测月径流量和输沙量数据对模型的参数进行敏感性分析，然后对模型参数进行率定和验证，并不断对参数进行调整，利用相对误差 R_e、相关系数 R^2 和 Nash-Suttcliffe 系数 Ens 对模型的适用性进行评价，结果表明，建立的 SWAT 模型适用于宁夏引黄灌区的水文过程模拟，从而为后面的供水预测奠定了基础。

第 4 章　气候和土地利用变化对流域径流的影响

人口的增长和社会经济的快速发展，导致工业、农业、生活和生态用水急剧增加，水资源供需矛盾日益突出。人类一些不合理的活动造成了全球变暖问题，人类围垦水域、毁草毁地等一些破坏土地的活动造成了水土流失严重、植被覆盖率减少，从而降低了流域的相关调节能力，最终导致干旱、洪水等自然灾害频繁出现。水资源问题引起了众多学者的关注，而且该问题已经成为许多国家和地区经济发展的瓶颈。近些年，很多专家学者开始研究气候和土地利用变化对水资源的影响，开展此项研究工作可以为水资源的合理开发利用、防灾减灾、防止水土流失以及流域综合规划提供科学的理论依据，为决策者提供相关的政策参考。

4.1　气候变化对流域径流的影响

气候作为人类生活的环境对人类的活动有所影响，这是早为人知的。气候与人类息息相关，是人类生存的基本物理环境的主要部分之一，是最容易被人类感受到的生存环境部分，给人以直接的刺激作用，使人感受到冷暖干湿及其变化。气候系统是一个巨大而复杂的系统，是大气圈、水圈、陆地表面、冰雪圈、生物圈相互联系、相互作用的整体，是一个与外界进行物质和能量交换的开放系统。它的每一个组成部分都具有不同的物理性质，并通过各种各样的物理过程、化学过程和生物过程同其他部分联系起来，共同决定各地区的气候特征。气候系统的任何变化都会影响到人类的生存与发展，反过来，人类的生产和生活活动也必然对这一系统产生深刻的影响。因而，“气候对人类活动的影响”和“人类活动对气候的影响”就成为当今世界上气候学家们所关心的两个主题。

气候变化的影响是全方位、多尺度、多层次的，正面和负面影响并存，一般人们更为关注的是其负面影响。二氧化碳引起的全球气候变暖，直接影响全球的水分供应和分布，对全球许多地区的自然生态系统已经产生了影响，自然生态系统由于适应能力有限，容易受到严重的甚至不可恢复的破坏。气候变暖而引起的降水变化是研究水分供应受到潜在气候影响的一个关键要素，降水是地球上淡水的根本来源，水资源规划主要取决于降水和土壤水分的时空分布。未来变暖的地球上降水分布会有明显改变，许多位于副热带半干燥的区域降水量会增加。由于全球变暖将导致地球气候系统的深刻变化，使人类与生态环境系统之间业已建立的相互适应关系受到显著影响和扰动，因此全球变化特别是气候变化问题受到各国政府与公众的极大关注。

4.1.1 气候变化对水文水资源的影响

引起气候变化的原因有很多，主要是由人类活动直接或间接地改变全球大气组成所造成的自然气候变化之外的气候的改变。气候变化是指气候平均状态统计学意义上的巨大改变或者持续较长一段时间的气候变动。以全球气候变暖为主要特征的气候变化问题已被世界各国专家、学者及政府部门所关注。工业革命以来，人类大量燃烧化石燃料，包括煤、石油和天然气等，使地球大气中的二氧化碳浓度增加，如果大气中二氧化碳含量增加一倍，就会通过温室效应使全球温度普遍升高。同时，通过大气环流的调整，世界各地的降水分布也将发生变化，有的地区增加，有的地区减少。

气候变化必然引起水分循环的变化，引起水资源在时空上的重新分布和水资源数量的改变，进而影响生态环境与社会经济的发展。全球气候变暖，造成了海平面不断上升，地下水水位逐渐下降，冰川逐渐融化，极端气候事件频繁发生。对于水文循环过程来说，气候变化会改变水资源在时间和空间上的重新分配，并且会引起降水和蒸发等水文要素的改变，从而会影响到整个流域的水平衡。气温的升高会加快冰川积雪的融化速度，当然也会影响其他水文因素，进而会影响河流的径流量以及整个流域的水文过程。降水是流域水资源的主要影响因素也是流域的主要水源，即降水是径流形成的基础。降水的变化对水资源量起着举足轻重的作用，降水的变化会直接影响流域的水资源量，进而会影响到流域的水文过程。

降水量是气候变化对水资源量影响的主要决定因素，全球气候变暖对降水量影响的总趋势为：高纬度和热带地区降水量会增加，干旱的副热带地区降水变化比较小，有的地方增加，有的地方减少；中纬度地区的降水在冬季会有所增加。中国的降水可能的变化是，黄土高原、四川盆地和云贵高原的年平均降水减少，特别是黄土高原降水的减少将加剧其干旱化和沙漠化。除黄土高原外，其他干旱和半干旱地区的降水略有增加。同时，气候变化与水资源之间的关系是非线性的，即相对小的气候变化可引起水资源状况的很大变化。以地表水为例，以雨水补给为主的河流，河流水量随着雨量的增减而涨落，同时温度升高引起区域蒸发量的变化。研究表明，区域降水量如减少 10%，气温不变的情况下河川径流量会减少 15%～25%；区域降水量如减少 10%，气温上升 2℃，则河川径流量会减少 25%～35%。

目前，研究气候变化对水资源的影响多数都采用气候情景设计与水文模型相结合的方法，从而对气候变化对水资源量及径流量的影响进行研究。

4.1.2 气候变化的情景设计

气候情景的设计方法一般有以下两种：

（1）任意情景设置，根据研究区的实际情况，利用假设的降水变化和气温升高情景相互交叉的组合，然后结合合适的水文模型研究气候变化对水资源的影响。

（2）大气环流模式（GCMs）法，该模型根据不同的 CO_2 排放量对气候变化的影响来预测未来气候变化情况[110]，通过与水文模型耦合的方式来分析气候变化对水资源的影响。但是由于GCMs模式数据的网格格距较大，导致分析气候变化对水资源影响时空间分辨率低，置信度不高。因此，这里采取了任意情景设置方式来建立研究区气候变化情景。

进入20世纪80年代以后，人类社会最关注的全球性重大问题莫过于全球气候变化了。有足够的证据表明，由于CO_2等温室气体的增加，全球气候正在发生有史以来从未有过的急剧变化。联合国政府间气候变化专门委员会（IPCC）第一工作组的第四次评估报告中指出，从1906年到2005年这100年间，全球气候明显变暖，统计结果显示地球表面温度升高了0.74℃。尤其是近50年气温升高的速度较前50年要快很多，仅最近这50年气温就升高了0.65℃，而最近12年当中就有11年位列1850年以来最暖的12个年份当中[111]。近100年来中国气温上升了0.4～0.5℃，略低于全球平均水平，但气候变化的总趋势与全球是一致的。最近50年中国夏季平均温度变化不明显，冬季增温十分明显，每10年增加0.42℃，1985年以来，我国已连续出现了16个全国大范围暖冬，1998年冬季最暖，偏暖1.4℃。科学家们根据人口增长、环境条件、全球化、经济发展和技术进步等因素对未来100年全球气候作出了预测，预测结果显示，21世纪末全球平均气温将升高1.1～6.4℃，降水将产生季节性和南北性移动，其中干旱和半干旱区变得更干，在不同地区呈现不同的变化趋势。我国科学家使用不同的全球气候模式和中国区域气候模式对CO_2增加后我国的气候变化情景进行了研究。在假定大气CO_2继续增加的情景下，预测到2020－2030年气温上升1.68℃；到2050年上升2.22℃，预计大气CO_2浓度加倍时气温上升将达2.94℃，增温幅度北方大于南方。我国西北地区气温可能上升1.9～2.3℃，西南地区可能上升1.6～2.0℃，青藏高原可能上升 2.2～2.6℃。降水在未来不少地区出现增加趋势，以东南沿海为最大，年降水将增加 6.4%～11%[112]。

基于上述对全球和中国气候变化的预测，我们设置了15种不同的气候情景来反映气候变化对径流的影响。建立未来气候变化情景为：气温在原有基础上分别变化为0℃、+1℃和+2℃，降水分别变化为原来的-20%、-10%、0%、10%和20%，具体的组合方式见表4-1。

表4-1　15种不同气候情景设置

		降水变化				
		P×(1-20%)	P×(1-10%)	P	P×(1+10%)	P×(1+20%)
温度变化	T	A11	A12	A13	A14	A15
	T+1℃	A21	A22	A23	A24	A25
	T+2℃	A31	A32	A33	A34	A35

4.1.3　模拟结果与分析

将实测的气温数据和降水量数据按照上述15种情景做相应的增加和减少，从而生成15种气候情景所对应的气象资料。在第3章已建立的SWAT模型基础上，将变化后的气象资料输入到SWAT模型中，对支流测站的月均径流量进行模拟，得到不同情景下的模拟结果，见表4-2。

表4-2　15种不同气候情景的径流模拟

			降水变化				
			P×(1-20%)	P×(1-10%)	P	P×(1+10%)	P×(1+20%)
温度变化	年均径流/万 m^3	T	7568.3	8567.1	9683.2	10987.5	12334.9
		T+1℃	7002.4	8011.7	9234.9	10468.8	11975.3
		T+2℃	6253.6	7498.8	8806.7	10023.4	11334.4
	变化量/万 m^3	T	-2114.7	-1115.9	0.2	1304.5	2651.9
		T+1℃	-2680.6	-1671.3	-448.1	785.8	2292.3
		T+2℃	-3429.4	-2184.2	-876.3	340.4	1651.4
	变化率/%	T	-21.8%	-11.5%	0.0%	13.5%	27.4%
		T+1℃	-27.7%	-17.3%	-4.6%	8.1%	23.7%
		T+2℃	-35.4%	-22.6%	-9.0%	3.5%	17.1%

由表4-2可知，黄河流域宁夏段的径流随着气温和降水而变，具有如下规律：

（1）流域内径流量与气温呈负相关关系，与降水呈正相关关系。温度不变降水增加 10%时，径流增加 1304.5 万 m^3，增加了 13.5%；温度不变降水增加 20%时，径流增加 2651.9 万 m^3，增加了 27.4%；降水不变温度增加 1℃时，径流减少 448.1 万 m^3，减少了 4.6%；降水不变温度增加 2℃时，径流减少 876.3 万 m^3，减少了 9.0%。由此可以看出，温度升高会导致径流减少，原因是温度升高会使蒸发量增大；降水增加会使径流增加，原因是降水增加会使地表产流增加。

（2）流域降水变化对径流的影响程度大于温度。当降水不变温度增加 2℃时，径流减少 876.3 万 m^3，减少了 9.0%，减幅较小；当温度不变降水增加 20%时，径流增加 2651.9 万 m^3，增加了 27.4%，增幅较大。

降水不变温度变化条件下的径流模拟如图 4.1 所示，温度不变降水变化条件下的径流模拟如图 4.2 所示。

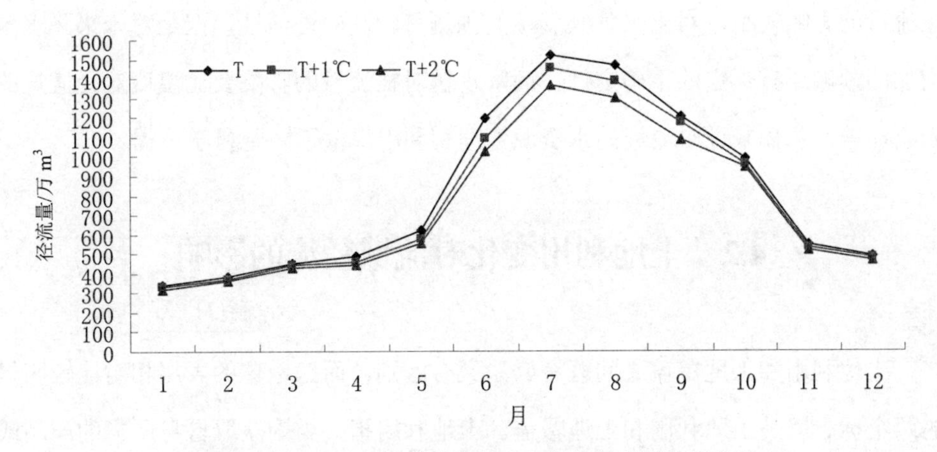

图 4.1 降水不变温度变化条件下气候情景的径流量比较

由图 4.1 可知，降水不变的情况下，径流量均呈减少趋势，气温升高，蒸发增加，从而造成径流减少。由图 4.2 可知，温度不变的条件下，各月径流量与降水变化趋势相同，春季开始增幅变大，夏季增幅最大，到了秋季又开始逐渐减小，冬季的增幅最小。

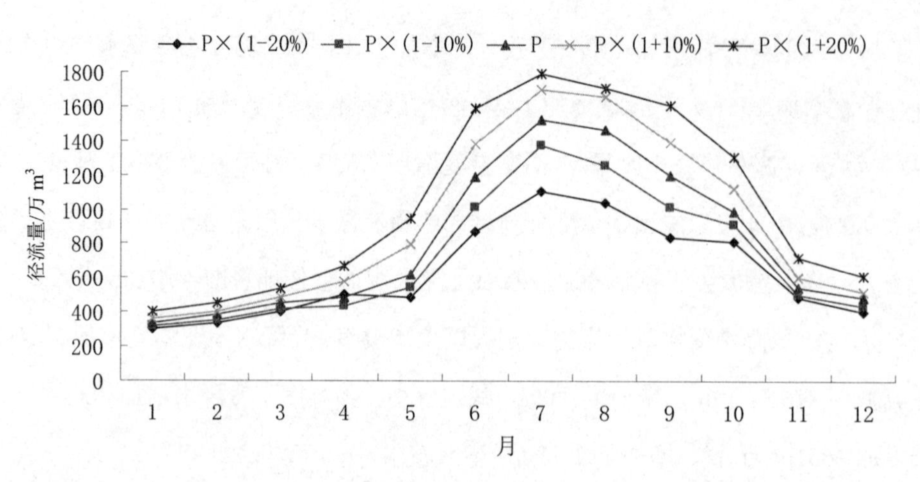

图 4.2 温度不变降水变化条件下气候情景的径流量比较

综合以上各种情景模拟结果可知，温度变化对降水量的变化影响较大，而对径流量的影响较小，对未来气候变暖的预测有较高的可信性，但是对未来降水量增加的预测还有一定的不确定性，而降水量对径流量的影响要比温度对径流量的影响显著，总体来说对流域的水资源管理和利用提供了一定科学依据。

4.2 土地利用变化对流域径流的影响

土地利用和土地覆盖之间既有联系又有区别，而在地球的表层相对比较明显的两个标志就是土地利用和土地覆盖。土地利用指人类为获取自身所需的产品或服务而进行的土地资源利用活动，人类通过土地利用活动改变陆地表面的覆被，土地利用是人类活动影响地球系统的主要途径之一，土地利用变化对生物的多样性、区域的水量及水质和环境的适应能力都具有非常大的影响，从而引起地球的生物地球化学循环发生改变，土地利用侧重于土地的社会经济属性。土地覆盖是指自然营造物和人工建筑物所覆盖的地表诸要素的综合体，其形态和状态可在多种时空尺度上进行变化。土地利用主要由水文、气候和地貌等自然因素所决定，具有特定的时间和空间属性。土地覆盖的变化是由人类的土地利用活动所引起，土地覆盖侧重于土地的自然属性。土地利用/土地覆盖的变化可分为两类，即改造与变异。改造是指由一种土地覆盖类型转变为另一种土地覆盖类型，如由建筑用地转变为非建筑用地；变异是指土地覆盖类型内部之间的变化，如农业用地转变为工业用地的变化。

随着对全球变化研究的深入，人类活动对环境变化的影响被广大科学研究工作者所认可。随着社会经济的发展，人类对土地进行不断的开发利用，从而也引起土地覆被的变化，这二者的变化成了全球环境变化的主要因素。我国目前对土地利用的研究迫在眉睫，随着我国社会经济的快速发展，人类对土地资源的利用开发的步伐也在加快，从而引发了水土流失、土壤污染等现象的发生，最终使得土地质量严重退化；随着人口的增加，土地人均占有量逐渐减少，从而导致土地资源短缺；土地资源的利用与水资源利用密切相关，我国的水资源和土地资源分配极不平衡，尤其是在严重缺水地区，水资源对于土地利用是至关重要的。

4.2.1 土地利用变化对水文水资源的影响

流域的土地利用/覆被变化（Land Use and Land-Cover Change，LUCC）对流域水文循环的各环节均会有不同程度的影响，影响程度较深的是水质和水量的改变。LUCC 通过改变地表蒸发土壤水分状况及地表覆被的截留量来影响水分循环和水质水量，进而对流域的水量平衡产生影响[113,114]。土地利用变化改变了地面植被结构，使得蒸发、土壤含水量、径流、下渗等水量循环因素发生了变化，区域水量转化受到较大影响。LUCC 是水文响应的主要驱动要素之一，国外学者的研究内容以土地利用对径流及水质的影响为主，Bormann 等研究了不同的土地利用方式对土壤和水质的影响[115]，国内学者的研究也大致类似，主要模拟在土地利用方式变化的情况下的径流变化情况，庞靖鹏等基于不同时期的土地利用情况，对密云水库流域的径流量和泥沙量进行了模拟和对比[116]。人类耕作和定居（城市污水）引起的土地覆盖的变化已造成了世界性的水污染。

4.2.2 土地利用变化的情景设计

土地利用作为流域的下垫面，它的改变对流域的水资源量及水文过程会产生很大影响。根据研究区域的实际情况，考虑各种因素，建立研究区域不同的土地覆被情景，然后通过 SWAT 模型进行模拟，通过模拟结果对不同土地覆被情景下径流量的变化情况进行分析，从而研究土地利用变化对流域径流的影响。对于黄河流域宁夏段，土地利用类型主要有耕地、林地、草地和裸地，同时考虑引黄灌区的经济发展状况，建立了以下 3 种模拟情景：

情景 1：结合黄河流域宁夏段的实际情况，考虑到退耕还林还草政策和治沙工程的实施，在此情景中保持草地面积不变，模拟将现有的耕地面积减少 10%，减少的耕地全部转化为林地，即林地面积相应增加 10%，而其他类型土地面积保持不变，研究此情景下径流的变化。

情景 2：结合流域的实际情况，考虑到近几年林地面积变化较小，在此情景中保持林地面积不变，模拟现有耕地面积减少 10%，而减少的耕地全部转化为草地，即草地面积相应增加 10%，其他类型土地面积保持不变，研究此情景下径流的变化。

情景 3：在“十四五”规划中，要大力发展畜牧业，随着牲畜头数的不断增加，草场的面积会不断减少。考虑到这方面因素的影响，草地会越来越少，此情景中保持其他类型土地面积不变，模拟将现有草地面积减少 10%，减少的草地全部变为林地，即林地面积增加 10%，研究此情景下径流的变化。

以上 3 种情景土地利用面积百分比见表 4-3。

表 4-3 流域各种情景的土地利用面积

土地利用类型	耕地/%	林地/%	草地/%	水体/%	居民点和建设用地/%	裸地/%
2010 年	45	2.6	13.4	8.5	4.7	25.8
情景 1	35	12.6	13.4	8.5	4.7	25.8
情景 2	35	2.6	23.4	8.5	4.7	25.8
情景 3	45	12.6	3.4	8.5	4.7	25.8

4.2.3 模拟结果与分析

根据以上 3 种假定的土地利用情景，在第 3 章已建立的 SWAT 模型基础上，在模型中改变土地利用相关数据，运用 SWAT 模型分别模拟不同情景下的径流量，对月均径流量进行模拟，模拟结果如表 4-4 和图 4.3 所示。

表 4-4 不同土地利用情景下径流的变化情况

项目	2010 年土地利用类型	情景 1	情景 2	情景 3
径流模拟值/万 m^3	9683.2	9428.3	9311.1	9902.2
变化率/%	0.00	-2.63	-3.84	2.26

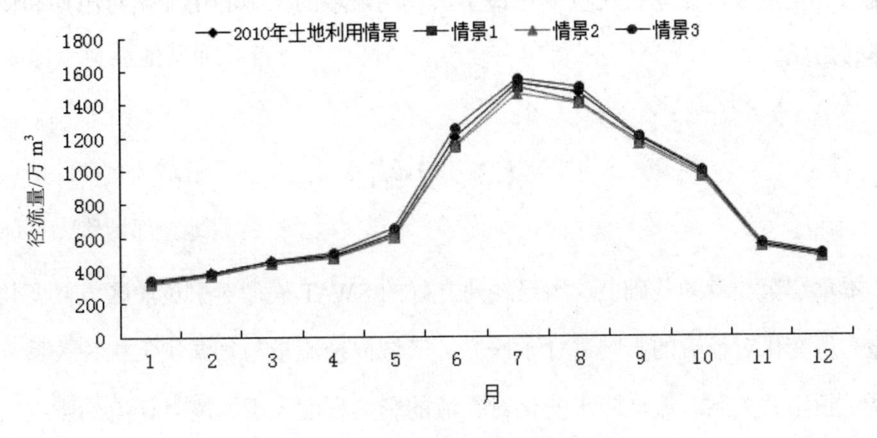

图 4.3 不同土地利用情景下径流量比较

由表 4-4 可知，在不同土地利用情景下，径流的变化情况如下：

（1）对于情景 1，耕地面积减少 10%，减少的耕地全部转化为林地，其他类型土地面积保持不变，模拟的径流量为 9428.3 万 m^3，比原有土地利用类型的径流量减少 254.9 万 m^3，减少了 2.63%。说明林地面积增加而耕地面积减少时，径流量减少。

（2）对于情景 2，耕地面积减少 10%，减少的耕地全部转化为草地，其他类型土地面积保持不变，模拟的径流量为 9311.1 万 m^3，比原有土地利用类型的径流量减少 372.2 万 m^3，减少了 3.84%。说明草地面积增加而耕地面积减少时，径流量减少。

（3）对于情景 3，草地面积减少 10%，减少的草地全部转化为林地，其他类型土地面积保持不变，模拟的径流量为 9902.2 万 m^3，比原有土地利用类型的径流量增加 219 万 m^3，增加了 2.26%。说明草地面积增加而耕地面积减少时，径流量会增加。

综合以上各种情况，黄河流域宁夏段的不同土地利用类型产流量排序为耕地>林地>草地。

由图 4.3 可知，对于 3 种不同土地利用情景，汛期径流量变化比较大，夏季径流量变化最大，冬季径流量变化最小，说明流域的土地利用变化对汛期和夏季径流较敏感。

4.3 小结

本章在第 3 章的基础上，用已经建立好的 SWAT 模型对引黄灌区气候变化和土地利用变化对径流的影响进行了研究，流域内径流量与气温呈负相关关系，与降水呈正相关关系。流域降水变化对径流的影响程度大于温度对径流的影响。不同土地利用类型产流量排序为耕地>林地>草地，流域的土地利用变化对汛期和夏季径流较敏感。

第 5 章　宁夏引黄灌区社会经济发展及供需水预测

5.1　引黄灌区社会经济发展目标

根据《宁夏回族自治区国民经济和社会发展第十四个五年规划和 2035 年远景目标纲要》，到 2025 年，全区生产总值达到 5100 亿元以上，年均增长 6%左右，人均生产总值达到 43000 元（约合 6500 美元）。经济结构不断优化，三次产业结构调整为 6:53:41，现代服务业比重大幅提高，城镇化率提高到 55%。人民生活显著改善，人均基本公共服务接近全国平均水平，城乡居民收入与经济增长保持同步，达到全国平均水平。生态环境全面好转，全区森林覆盖率达到 15%以上，城市建成区绿化覆盖率达到 41%，生活垃圾无害化处理率和城镇污水处理率均达到 80%。

5.2　引黄灌区社会经济发展指标预测

5.2.1　人口及城镇化水平

根据统计结果显示，宁夏人口呈现持续增长的态势，而且高于全国人口的平均增长速度，其中少数民族人口和城镇及非农业人口增长较快，但宁夏人口自然增长率呈现出逐年下降的趋势，随着计划生育政策的进一步落实，宁夏人口增长率会得到进一步控制。城镇化水平反映一个国家或地区经济发展水平的高低，一般用城镇非农业人口占总人口的比重来表示。2015年宁夏全区总人口667.88万人，城镇化率55%，人口自然增长率8.04‰，其中引黄灌区总人口439.3万人，城镇化率67.6%，按照“十四五”规划，到2025年宁夏全区总人口达到695万人，城镇化率将提高到70%，人口自然增长率控制在9‰以内。在研究历史数据及现状的基础上，结合《宁夏回族自治区国民经济和社会发展第十四个五年规划纲要》，并综合考虑社会经济发展水平和人口、民族分布及自然条件等特点，分别对宁夏引黄灌区人口发展和城镇化水平进行预测，结果见表5-1。

表5-1 宁夏引黄灌区各县（市/区）人口及城镇化水平发展预测

地区	2015年人口	年增长率/‰	预测总人口/万人	城镇化水平/%	
		2015—2025年	2025年	2015年	2025年
银川市	138.9	8.9	149.6	90.1	95.3
永宁县	23.4	8.4	25.6	45.9	48.0
贺兰县	25.3	8.8	24.9	48.8	59.8
灵武市	28.8	7.5	29.2	54.9	52.7
大武口区	30.4	4.4	28.7	93.0	89.9
惠农区	20.1	5.1	21.2	83.8	87.7
平罗县	28.4	5.1	32.1	45.8	38.3
利通区	40.5	9.9	45.4	61.7	64.0
青铜峡市	29.2	10.0	32.4	47.4	38.8
沙坡头区	40.3	9.0	46.5	54.4	47.6
中宁县	34.2	8.6	37.8	40.9	43.2
灌区合计	439.5	8.2	473.4	67.6	68.0

预测结果表明，2015—2025年引黄灌区人口年均增长率为8.2‰，到2025年总人口为473.4万人。随着工业化进程的推进，城镇化水平提高较快，预计到2025年引黄灌区城镇化率将达到68%。

5.2.2 经济发展与产业结构

宁夏引黄灌区经济发展将继续保持快速增长，着力扩大经济总体规模，实施新型工业化发展战略，调整优化产业结构，培育壮大优势特色产业，加速经济增长方式转变。2015年现状经济结构中，三次产业的比例为5.2∶54.4∶40.4，随着工业化进程的推进，不仅经济总量有大幅提升，经济结构也得到进一步优化，第一产业比重将持续降低，第二产业比重增长较快，第三产业比重稳步上升，2025年三次产业的比例为4.2∶52.8∶43。随着工业化的逐步推进，引黄灌区将进入后工业化阶段，工业所占比重会逐步降低，第三产业会迅速发展，预测结果见表5-2。

表5-2 宁夏引黄灌区各县（市/区）三次产业结构预测　　单位：亿元

地区	2015年				2025年			
	一产	二产	三产	GDP	一产	二产	三产	GDP
银川市	17.5	400.7	561.0	979.2	34.3	993.0	1593.0	2620.3
永宁县	12.3	68.0	25.2	105.5	24.1	168.4	71.6	264.1
贺兰县	13.6	54.1	27.1	94.8	26.7	134.1	77.0	237.8
灵武市	8.9	204.1	38.9	251.9	17.4	505.8	110.6	633.8
大武口区	2.6	172.0	74.6	249.2	5.3	407.1	176.6	589.0
惠农区	3.7	132.8	50.2	186.7	7.6	314.4	118.9	440.9
平罗县	16.3	85.1	38.7	140.1	33.6	201.5	91.6	326.7
利通区	13.8	68.2	44.8	126.8	27.1	161.6	106.1	294.8
青铜峡市	14.2	111.0	36.4	161.6	28.0	262.7	86.2	376.9
沙坡头区	17.6	57.8	99.7	175.1	36.4	137.0	236.1	409.5
中宁县	14.0	60.6	53.9	128.5	28.9	143.5	127.5	299.9
灌区合计	134.5	1414.4	1050.5	2599.4	269.4	3429.1	2795.2	6493.7

5.2.3 第一产业与种植结构

1. 第一产业总值及其结构

宁夏引黄灌区是传统的农业经济区，2015年引黄灌区的农业产值占第一产业的42%，用水量占国民经济总用水量的90%以上。随着产业结构转型的逐步推进，将形成新型的农牧二元经济结构。2025年第一产业总产值增加到413.63亿元，农、林、牧、渔和农林牧渔服务业比重为40:1:42:13:4。由此可以看出，随着产业结构的不断调整，农业产值比例处于下降趋势，牧业产值比例一直在上升，渔业比例也有一定幅度的上升，农业经济结构得到有效优化，预测结果见表5-3。

表5-3 宁夏引黄灌区各县（市/区）农业结构预测 单位：亿元

年份	地区	农业	林业	牧业	渔业	服务业	总值
2025年	银川市	19.19	0.21	20.95	6.93	4.69	51.97
	永宁县	16.06	0.24	12.67	5.95	1.15	36.07
	贺兰县	19.09	0.16	8.60	15.90	1.23	44.99
	灵武市	10.22	0.71	12.83	1.14	1.28	26.18
	大武口区	0.99	0.16	1.16	2.45	0.50	5.25
	惠农区	7.26	0.29	5.38	0.73	0.45	14.10
	平罗县	23.55	0.22	12.47	11.09	1.41	48.74
	利通区	13.69	0.30	31.43	0.47	2.43	48.33
	青铜峡市	16.69	0.53	23.26	2.25	1.28	44.02
	沙坡头区	23.00	0.45	23.34	3.87	1.41	52.07
	中宁县	18.86	0.42	19.44	1.83	1.36	41.91
	灌区合计	168.60	3.69	171.53	52.61	17.19	413.63

2. 种植结构

2015年宁夏引黄灌区总播种面积为52.77万公顷（791.5万亩），其中粮食作物的播种面积为33.05万公顷（495.8万亩），占农作物总播种面积的62.6%；经济作物播种面积为15.95万公顷（239.3万亩），占农作物总播种面积的30.2%，饲草类作物播种面积为3.77万公顷（56.4万亩），占农作物总播种面积的7.2%。由于基建占地和农业结构调整等因素的影响，未来耕地面积会有所下降，但因为有严格的耕地保护政策，以及引黄灌区经过渠系改造工程可以新增一部分耕地面积，耕地面积不会下降太多。未来农业种植结构将向“粮、经、草”三元结构转变，粮经草三元种植比例确定的原则为：①粮食区内平衡，保证灌区内及全区粮食自给且略有余，考虑科技进步单产提高因素；②经济作物主要以发展特色经济作物为主导思想，根据相关规划和区内消费水平计算；③饲草种植面积需使牧业产值与饲草消费量平衡，根据实现的牧业产值确定发展牲畜头（只）数，然后根据每头（只）需要的饲草消费量来确定饲草总量，进而结合不同分区饲草单产来计算饲草种植面积。按照以上原则，粮食种植面积保持稳定下降，经济作物面积稳定略有增长，饲草种植面积稳定增长，2015 年粮经草的种植比例为 62:31:7，到 2025 年粮经草种植结构调整为 60:32:8，种植结构得到优化，种植结构预测结果见表 5-4。

表 5-4　宁夏引黄灌区各县（市/区）种植结构预测　　单位：万公顷

地区	2015 年				2025 年			
	粮食	经作	饲草	合计	粮食	经作	饲草	合计
银川市	2.8	1.0	0.7	4.5	2.8	1.0	0.8	4.6
永宁县	3.0	0.6	0.0	3.6	3.0	0.5	0.0	3.5
贺兰县	3.7	1.4	0.1	5.2	3.7	1.3	0.1	5.1
灵武市	2.2	0.4	0.1	2.7	2.2	0.4	0.1	2.7
大武口区	0.4	0.1	0.0	0.5	0.4	0.1	0.0	0.5
惠农区	1.6	0.6	0.1	2.3	1.6	0.6	0.2	2.4
平罗县	6.2	1.6	0.1	7.9	5.9	1.7	0.1	7.7
利通区	2.5	0.5	0.2	3.2	2.4	0.5	0.3	3.2
青铜峡市	3.2	1.5	1.9	6.6	3.1	1.5	2.1	6.7
沙坡头区	2.7	5.3	0.2	8.2	2.6	5.4	0.2	8.2
中宁县	3.7	3.5	0.4	7.6	3.5	3.6	0.4	7.5
灌区合计	32.0	16.5	3.8	52.3	31.2	16.6	4.3	52.2

5.3　宁夏引黄灌区需水预测

需水预测是在某一时期社会经济发展规划下进行的，如果发展规划只给出宏观经济目标或指标（如人口总数、GDP 及总产量等），在进行需水预测时，先对社会经济指标及发展规模进行规划或预测，并以此为基础进行需水预测[117]。采用指标分析法将用水部门分为农业、工业、生活、生态环境四大门类，四大门类再分门别类划分为若干个小门类，依据各子部门、子门类的社会经济人口量值乘以相应的当期定额指标进行需水预测，然后汇总[118]。

根据需水预测性质，将需水预测分为定量预测和定性预测两种。定量预测是通过分析用水量各项因素和属性的数量关系，然后通过数学运算或数学模型来预测未来的需水量，具体做法是在掌握历史系列数据及其内在规律的基础上，运用类推性原则和连贯性原则并通过数学运算对未来需水量进行预测。定性预测是建立在经验判断、逻辑推理和逻辑思维基础之上的，主要特点是利用直观材料，依据个人经验综合分析，从而对未来需水状况进行预测。常用的定性预测方法有主观频率法、抽样调查法和类推法等。定量预测和定性预测两者不是相互孤立的，实际预测时，通常将两者结合起来，从而提高预测的精度。

根据需水预测的目的和对象不同，可将需水预测分为长期需水预测和短期需水预测。长期需水预测是指以水资源规划为目的的年预测，预测周期长，考虑因素较多；短期需水预测是指为用水系统实施优化控制而进行的日预测和时预测，要求预测精度高、速度快。

这里根据宁夏引黄灌区的实际情况和发展的需要，现状水平年采用 2015 年，规划水平年采用 2025 年。“十四五”期间，全区将按照“节约优先、优化配置、有效保护、综合治理”的原则，以推进节水型社会建设为统揽，通过实施水资源管理的“三条红线”全面推广节水技术，转变用水方式，优化用水结构，全区各行业可节约水量 5.1 亿 m^3，以保障经济社会发展新增用水需求。

5.3.1 引黄灌区农业需水预测

宁夏引黄灌区地处西北干旱、半干旱区，牧草及林地（包括农田防护林和经果林）都在农田内部或周围靠灌溉生存，没有灌溉就没有生命。因此，研究宁夏引黄灌区农业需水要将林地、草地与农作物需水统一考虑，统称为农田灌溉需水；渔业需水作为一个独立的需水部门来单独考虑，主要是指靠人工补水的鱼塘，二者的和为农业需水。农业需水中最主要的是计算农田灌溉需水量，农田灌溉需水所占的比重最大，计算相对复杂。

农业节水，主要通过调整农业产业结构，减少耗水多作物的种植面积，相应增加耗水较少且单方水产出效益高作物的种植面积。不断扩大滴灌、喷灌等现代节水技术灌溉规模，积极推广控制灌溉、点灌、小畦灌、注水灌等实用节水灌溉技术。到2025年，农业灌溉用水有效利用系数提高到0.48。

宁夏引黄灌区，由于引黄便利，供水水源比较充足，基本可以实现充分灌溉。对于降水主要考虑50%、75%、90%三种降水频率情况下的农田灌溉需水。引黄灌区年均降水190.6mm，从1951年到2015年的65年间，1980年降水最少，为77.9mm，1964年降水最多，为331.3mm。南部的中宁县年平均降水量208mm，中部的银川市年平均降水量192mm，北部的惠农区年平均降水量174mm。时空分布不均，60%～70%降水集中在7～9月份，占全年降水量的50%以上，冬季降水量一般占全年降水量的2%。这里利用引黄灌区1951年至2015年65年的长系列降水量资料，采用P-III型曲线进行频率分析，确定典型年降水量的大小，分析结果如图5.1所示。分析结果可知由典型年法得到不同频率的年降水量：

（1）P=50%的设计平水年降水量为181.5mm，典型年2015年。

（2）P=75%的设计枯水年降水量为143.3mm，典型年1999年。

（3）P=95%的设计特枯水年降水量为92.9mm，典型年1982年。

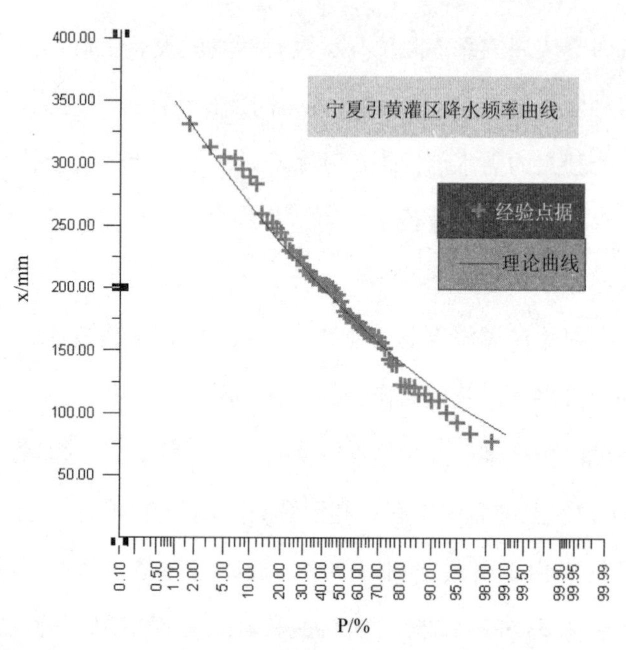

图 5.1　宁夏引黄灌区 P-III 型降水频率曲线

1. 引黄灌区农作物种植结构

宁夏引黄灌区粮食作物面积占 86.1%，经济作物占 12.7%，林草占 1.2%。灌区粮食种植中以耗水较高的水稻、小麦和玉米种植为主，占到灌区总面积的 70%以上，其中水稻种植面积占灌区总面积的 20.2%。“十四五”期间全区将进一步压减高耗水低产出粮食作物的种植面积、增加低耗水高产出的经济和饲料作物的种植面积，将粮经草种植比例由现在的 86.1:12.7:1.3 调整为 80:16:4，可节约耗水量 1.0 亿 m^3 左右。到 2025 年，全区形成 40 万公顷（600 万亩）优质粮食、26.67 万公顷（400 万亩）马铃薯、6.67 万公顷（100 万亩）淡水鱼、6.67 万公顷（100 万亩）硒砂瓜、6.67 万公顷（100 万亩）枸杞、5.33 万公顷（80 万亩）葡萄、6.67 万公顷（100 万亩）苹果、6.67 万公顷（100 万亩）中药材等优势特色产业带，建设 120 个现代农业示范基地，打造现代农业产业集聚区。

经过几千年来的引黄灌溉，宁夏引黄灌区形成了一个巨大的地下水库。灌区多年平均地下水埋深在 2.0～2.5m，根据测算，年潜水无效蒸发量达到 3.0 亿 m^3，灌区部分地区由于地下水位较高、排水不畅等原因造成土壤盐渍化现象较为严重，最为突出的是青铜峡银北灌区。因此，适当发展井渠结合灌溉，一方面可以降低地下水位，改良土壤；另一方面可以夺取无效的潜水蒸发量，节约有限的黄河水资源。目前，全区已经发展井渠结合灌溉面积 1.02 万公顷（15.3 万亩），规划“十四五”期间新增井渠结合灌溉面积 1 万公顷（15 万亩），加大浅层地下水开发利用，实施井渠结合可节约黄河耗水量 0.5 亿 m^3。

作物种植结构的变化受诸多因素影响，不仅受农作物的市场需求、政府农业政策、传统种植习惯、农业新品种新技术的开发等因素影响，还受灌溉水量限制。一般降水越多，灌溉供水越有保障，耗水多的作物种植比例就高；相反，降水越少，耗水多的作物种植比例就会下降。根据各地区不同水平年人口数、不同农产品的单位面积产量、人均农产品的需求量以及各地区的实际情况，结合“十四五”规划，预测规划水平年不同作物的灌溉面积。2015 年现状年的农作物灌溉面积见表 5-5，规划水平年 2025 年的灌溉面积见表 5-6。

表 5-5　2015 年宁夏引黄灌区灌溉面积统计　　单位：万公顷

地区		粮食作物				经济作物			瓜菜		园林地				饲草	鱼池	设施农业	面积合计
		水稻	小麦	玉米	其他	马铃薯	油料	药材	蔬菜	瓜果	葡萄	枸杞	果园	林地				
银川市	自流	1.19	0.47	0.51	0.01	0.01	0.03	0.01	0.02	0.00	0.86	0.21	0.16	0.13	0.15	0.36	0.31	4.43
	扬水	0.05	0.05	0.01	0.00	0.00	0.00	0.00	0.00	0.00	0.03	0.00	0.03	0.00	0.00	0.00	0.00	0.17
永宁县	自流	1.02	1.19	0.47	0.01	0.01	0.02	0.18	0.01	0.00	0.45	0.02	0.15	0.08	0.07	0.18	0.14	4.00
贺兰县	自流	1.68	1.45	0.21	0.01	0.00	0.01	0.00	0.03	0.00	0.27	0.12	0.07	0.01	0.03	0.60	0.15	4.64
灵武市	自流	0.93	0.69	0.33	0.00	0.00	0.09	0.00	0.03	0.02	0.06	0.00	0.52	0.18	0.01	0.05	0.04	2.95
	扬水	0.00	0.00	0.05	0.00	0.00	0.02	0.00	0.00	0.00	0.00	0.00	0.03	0.01	0.01	0.00	0.00	0.12
大武口区	自流	0.01	0.17	0.15	0.00	0.00	0.00	0.01	0.05	0.00	0.00	0.01	0.04	0.09	0.00	0.03	0.03	0.59
惠农区	自流	0.13	0.84	0.57	0.01	0.00	0.18	0.00	0.32	0.00	0.00	0.06	0.03	0.00	0.01	0.03	0.02	2.20
平罗县	自流	1.53	3.28	0.39	0.01	0.00	0.25	0.01	0.02	0.00	0.01	0.16	0.03	0.06	0.03	0.19	0.09	6.06
	扬水	0.07	0.27	0.47	0.00	0.00	0.08	0.00	0.03	0.00	0.00	0.04	0.00	0.01	0.00	0.01	0.00	0.98
利通区	自流	0.47	1.03	0.80	0.00	0.00	0.11	0.00	0.03	0.12	0.04	0.00	0.44	0.17	0.06	0.03	0.12	3.42
青铜峡市	自流	0.65	1.57	0.41	0.02	0.00	0.00	0.02	0.01	0.00	0.93	0.02	0.38	0.16	0.01	0.07	0.07	4.32

续表

地区		粮食作物				经济作物			瓜菜		园林地				饲草	鱼池	设施农业	面积合计
		水稻	小麦	玉米	其他	马铃薯	油料	药材	蔬菜	瓜果	葡萄	枸杞	果园	林地				
沙坡头区	自流	0.68	1.09	0.23	0.11	0.00	0.10	0.00	0.01	0.02	0.03	0.01	0.29	0.95	0.00	0.05	0.24	3.81
	扬水	0.00	0.01	0.19	0.00	0.00	0.00	0.00	0.00	0.00	0.01	0.02	0.01	0.01	0.01	0.00	0.00	0.26
中宁县	自流	0.29	0.66	0.78	0.05	0.00	0.04	0.00	0.01	0.00	0.01	0.47	0.49	0.05	0.00	0.01	0.02	2.88
	扬水	0.00	0.11	1.43	0.00	0.01	0.01	0.00	0.00	0.00	0.09	0.17	0.03	0.03	0.02	0.00	0.00	1.90
灌区合计	自流	8.58	12.43	4.84	0.22	0.03	0.83	0.23	0.55	0.16	2.67	1.08	2.59	1.89	0.37	1.60	1.24	39.31
	扬水	0.11	0.43	2.15	0.00	0.01	0.11	0.01	0.03	0.01	0.13	0.22	0.11	0.05	0.03	0.01	0.00	3.41
	合计	8.69	12.86	6.99	0.22	0.03	0.95	0.23	0.57	0.16	2.81	1.30	2.70	1.95	0.39	1.61	1.25	42.71

表 5-6　2025 年宁夏引黄灌区灌溉面积预测　　单位：万公顷

地区		粮食作物				经济作物			瓜菜		园林地				饲草	鱼池	设施农业	面积合计
		水稻	小麦	玉米	其他	马铃薯	油料	药材	蔬菜	瓜果	葡萄	枸杞	果园	林地				
银川市	自流	1.05	0.45	0.48	0.02	0.01	0.04	0.02	0.02	0.00	1.29	0.28	0.21	0.16	0.18	0.43	0.29	4.93
	扬水	0.04	0.04	0.01	0.00	0.00	0.00	0.00	0.00	0.00	0.05	0.00	0.04	0.00	0.00	0.00	0.00	0.18
永宁县	自流	0.91	1.12	0.44	0.01	0.01	0.03	0.23	0.01	0.00	0.69	0.03	0.19	0.09	0.08	0.22	0.13	4.19
贺兰县	自流	1.50	1.36	0.19	0.01	0.00	0.01	0.00	0.03	0.00	0.41	0.15	0.09	0.02	0.03	0.72	0.14	4.66
灵武市	自流	0.83	0.65	0.31	0.00	0.00	0.13	0.00	0.03	0.03	0.09	0.00	0.67	0.21	0.01	0.05	0.04	3.05
	扬水	0.00	0.00	0.05	0.00	0.00	0.03	0.01	0.00	0.01	0.00	0.00	0.05	0.02	0.01	0.00	0.00	0.18
大武口区	自流	0.01	0.16	0.14	0.00	0.00	0.00	0.01	0.05	0.00	0.00	0.01	0.05	0.11	0.00	0.04	0.03	0.61
惠农区	自流	0.12	0.79	0.54	0.01	0.00	0.23	0.00	0.31	0.00	0.00	0.07	0.04	0.00	0.01	0.03	0.02	2.17
平罗县	自流	1.35	3.08	0.37	0.01	0.00	0.33	0.01	0.02	0.00	0.01	0.21	0.05	0.07	0.04	0.23	0.09	5.87
	扬水	0.07	0.25	0.45	0.00	0.00	0.11	0.00	0.03	0.00	0.00	0.05	0.00	0.01	0.00	0.01	0.00	0.98
利通区	自流	0.41	0.96	0.75	0.00	0.00	0.14	0.00	0.03	0.17	0.06	0.00	0.57	0.20	0.07	0.03	0.11	3.50
青铜峡市	自流	0.58	1.47	0.38	0.03	0.00	0.01	0.03	0.01	0.01	1.40	0.03	0.49	0.19	0.01	0.08	0.07	4.79
沙坡头区	自流	0.61	1.03	0.22	0.11	0.00	0.13	0.00	0.01	0.03	0.05	0.01	0.37	1.15	0.00	0.06	0.23	4.01
	扬水	0.00	0.01	0.18	0.00	0.00	0.00	0.00	0.00	0.00	0.03	0.02	0.01	0.01	0.01	0.00	0.00	0.27
中宁县	自流	0.26	0.62	0.73	0.05	0.00	0.05	0.00	0.01	0.00	0.01	0.62	0.63	0.06	0.00	0.01	0.02	3.07
	扬水	0.00	0.10	1.34	0.00	0.01	0.01	0.00	0.00	0.00	0.13	0.21	0.04	0.03	0.02	0.00	0.00	1.89
灌区合计	自流	7.63	11.69	4.55	0.24	0.03	1.08	0.29	0.52	0.24	4.01	1.41	3.37	2.27	0.44	1.92	1.18	40.87
	扬水	0.10	0.41	2.03	0.00	0.01	0.15	0.01	0.03	0.01	0.19	0.28	0.14	0.07	0.03	0.01	0.00	3.47
	合计	7.74	12.09	6.57	0.24	0.04	1.23	0.30	0.55	0.25	4.21	1.69	3.51	2.33	0.47	1.93	1.18	44.33

2. 引黄灌区农田灌溉定额计算

近年来，随着引黄灌区国土、农业综合开发等部门对水利基础设施建设的投入，逐步形成了多行业投资水利建设的好势头。“十四五”期间，将充分整合国土整治项目、小型农田水利重点县改造项目、农业综合开发项目、基本农田建设项目等的资金，加快农村水利基础设施建设，大力推广发展小畦灌、滴灌、沟灌、管灌、喷灌等农业灌溉新技术，不断降低农业用水灌溉定额，提高水资源利用效率。通过采取以上措施可节约耗水量 1.5 亿 m^3 左右。

农田净灌溉定额是指单位面积灌溉需水量，作物需水量中有一部分是由降水直接供给的，如果降水供给不足，不足的部分由灌溉来补充，在作物生长过程中，由灌溉补充的那部分水量为作物的净灌溉需水量。作物的净灌溉需水量与生育期内作物需水量、土壤水利用量、有效降水量和地下水利用量有关，具体计算方法如下：

旱田： $m_{Ai} = 0.667 \cdot (ET_{ci} - P_e - Ge_i + \Delta W)$

水稻： $m_{Ai} = 0.667 \cdot (ET_c - P_e + F_d + M_0)$

其中，m_{Ai} 为第 i 种作物净灌溉定额（m^3/亩），ET_{ci} 为第 i 种作物的需水量（mm），P_e 为作物生育期内有效降水量（mm），Ge_i 为第 i 种作物生育期内的地下水利用量（mm），ΔW 为生育期内逐月始末土壤储水量的变化值（mm），F_d 为稻田全生育期渗漏量（mm），M_0 为插秧前的泡田定额（mm），i 为作物种类。

（1）作物需水量。作物需水量是指作物在土壤水分和养分适宜、管理良好、生长正常、大面积高产条件下的棵间土面（或水面）蒸发量与植株蒸腾量之和。对作物需水量的估算方法主要有 3 种：模系数法、直接计算法和参考作物法。大量实验表明，参考作物法具有较好的通用性和稳定性，估算精度也较高。因此，这里采用参考作物法来确定作物需水量。首先根据 Penman-Montieth 公式计算参考作物的需水量 ET_0，然后利用作物系数 K_c 进行修正，最后求得作物需水量，具体计算公式如下：

$$ET_{ci} = K_{ci} \cdot ET_{0i}$$

其中，ET_{ci} 表示第 i 阶段的实际作物蒸发蒸腾量，K_{ci} 表示第 i 阶段的作物系数，ET_{0i} 表示第 i 阶段的参考作物需水量。

参考作物需水量 ET_0 采用联合国粮农组织（FAO）推荐的 Penman-Montieth 公式计算：

$$ET_0 = \frac{0.408 \cdot \Delta \cdot (R_n - G) + \gamma \cdot \dfrac{900}{T + 273} \cdot u_2(e_a - e_d)}{\Delta + \gamma \cdot (1 + 0.34 \cdot u_2)}$$

其中，ET_0 为参考作物蒸发蒸腾量（mm/d），Δ 为温度～饱和水汽压关系曲线上在 T 处的切线斜率（kPa/℃），T 为平均气温（℃），e_a 为饱和水汽压（kPa），R_n 为净辐射（$MJ/m^2.d$），G 为土壤热通量（$MJ/m^2.d$），γ 为温度表常数（kPa/℃），u_2 为 2m 高处风速（m/s），e_d 为实际水汽压（kPa）。

用引黄灌区的试验资料计算参考作物需水量 ET_0 和作物系数 K_c，从而确定作物需水量。

（2）有效降水量 P_e。作物生长期的有效降水量指总降水量中能够保存在作物根系层中用于满足作物蒸发蒸腾需要的部分降水量。

不论是旱田还是水田，对于作物生育期内的有效降水，历年分次计算是非常复杂的。因此，在实际生产中用简化方法计算不同降水频率下的有效降水量：

$$P_e = \sigma \cdot P$$

其中，σ 为降水有效利用系数，P 为降水量（mm）。

根据引黄灌区的实际情况并结合试验资料分析研究确定出引黄灌区各月降水有效利用系数，见表 5-7。然后根据引黄灌区不同行政区降水频率分别为 50%、75%和 90%的降水量，利用有效降水利用系数和引黄灌区不同行政区不同降水频率的降水量分析和计算不同作物在不同生育期内的有效降水量。

表 5-7　宁夏引黄灌区月降水有效利用系数

月降水量/mm	<5	5～30	30～50	50～100	100～150	>150
有效利用系数	0	0.85	0.8	0.75	0.65	0.55

（3）作物生育期内的地下水补给量。作物对地下水的直接利用量，是指地下水借助于土壤毛细管作用上升至作物根系吸水层而被作物直接吸收利用的地下水量。作物在生育期内所直接利用的地下水量与地下水位埋深、作物根系下扎深度、作物根系发育情况、灌溉水量、灌溉方式等因素有关。根据相关研究结果，宁夏引黄灌区作物直接利用地下水量约占作物净需水量的10%，而引黄灌区地下水补给来源主要是引黄灌溉水，若灌溉引水量减少，则地下水补给量就减少，那么地下水位就会随之降低，作物直接利用的地下水量就会减少，从而灌溉需水量就相应加大，需要灌溉引水量又势必加大；而灌溉引水量的加大，灌溉入渗补给量变大，使地下水位抬升，又造成作物直接利用地下水的量加大，引起灌溉需水量减少。根据地下水利用量试验资料建立宁夏引黄灌区地下水埋深与地下水利用量之间的数学表达式：

$$G_i(h)=\sum_{t=j}^{m}\sum_{n=0}^{k}a_{n,t}h_{i,t}^{n} \qquad 0.5\leqslant h_{i,t}\leqslant 2.5$$

其中，$G_i(h)$为第i种作物在整个生育期内在地下水埋深为h时直接利用的地下水量，$h_{i,t}$为第i种作物在生育期内第t月份的地下水埋深，j为第i种作物生育期内的初始月份，m为第i种作物生育期的期末月份，$a_{n,t}$和k为系数。

（4）稻田生育期渗漏量F_d。宁夏引黄灌区稻田渗漏量的观测点较少，所以对各分区的稻田渗漏量均采用统一的观测值，见表5-8。

表5-8 不同生育阶段水稻田渗漏量

生理阶段	栽种—分蘖	分蘖—拔节	拔节—抽穗	抽穗—灌浆	灌浆—蜡熟	合计
日期/月-日	05-20～06-30	07-01～07-17	07-18～08-04	08-05～08-21	08-22～9-15	05-20～09-15
渗漏量/mm	585.24	155.55	143.9	67.15	75.35	1027.2

由此计算的引黄灌区农作物灌溉定额见表 5-9。

表 5-9　宁夏引黄灌区作物灌溉定额　　单位：m^3/亩

作物	P=50%				P=75%				P=90%			
	扬水	卫宁	青铜峡		扬水	卫宁	青铜峡		扬水	卫宁	青铜峡	
			银北	银南			银北	银南			银北	银南
水稻		724	720	720		745	731	731		746	744	744
小麦	264	303	301	299	276	307	320	320	277	319	333	333
玉米	204	274	285	275	232	298	290	290	245	302	303	303
马铃薯	140	160	165	160	150	175	172	172	161	182	183	183
油料	157	239	220	231	184	250	245	245	205	251	262	262
药材	201	264	275	265	230	284	279	279	243	291	292	292
蔬菜	473	543	551	544	501	566	559	559	514	567	572	572
瓜果	148	190	195	190	173	209	205	205	186	217	218	218
葡萄	265	330	340	330	298	345	349	349	311	361	362	362
枸杞	380	449	430	440	410	459	454	455	413	467	469	469
果园	135	205	216	206	163	229	221	221	176	233	234	234
林地	63	133	144	134	91	157	149	149	104	161	162	162
饲草	63	133	144	134	91	157	149	149	104	161	162	162
设施农业	280	280	280	280	290	290	290	290	295	295	295	295

3. 引黄灌区灌溉水利用效率

灌溉水利用效率是指单位面积农作物需要灌溉的净需水量与所引用的毛需水量之间的比值，灌溉过程中渠系和田间损失的水量为毛需水量与净需水量之间的差值。因而，灌溉水的利用效率包括田间水的利用效率和渠系水的利用效率两部分，即：

$$\eta_{水} = \eta_{渠} \cdot \eta_{田}$$

其中，$\eta_{水}$ 为灌溉水利用系数，$\eta_{渠}$ 为渠系水利用系数，$\eta_{田}$ 为田间水利用系数。渠系水利用系数与渠道衬砌和渠道管理方式等有关，田间水利用系数与灌溉技术、灌溉形式、灌溉系统、地形及土壤等因素有关。

"十四五"期间，利用大型灌区续建配套节水改造项目、大型泵站更新改造项目及水权转换项目资金对自流引黄灌区骨干工程、大型泵站进行更新改造，通过对灌区各级渠道砌护改造等，使渠系水利用系数大幅提高，将达到 0.6 左右，可节约耗水量 1.3 亿 m^3。

同时，通过加强水管部门的合理调水、统筹配水，推广农民用水协会等管理措施，也将会减少水量损耗。经分析，"十四五"期间，通过以上措施，农业灌溉水利用系数将由现状的 0.46 提高到 0.53，可节约农业耗水量 4.2 亿 m^3 左右。根据宁夏节水型社会建设的目标及未来实施的节水措施，在现状分析的基础上预测不同水平年灌溉水利用系数，见表 5-10。

表 5-10 引黄灌区不同水平年灌溉水利用系数预测

分区	2015 年			2025 年		
	渠系水	田间水	灌溉水	渠系水	田间水	灌溉水
引黄	0.564	0.825	0.465	0.638	0.835	0.533
扬黄	0.758	0.825	0.625	0.787	0.835	0.657

4. 引黄灌区渔业需水预测

鱼塘补水量采用单位面积补水定额方法计算，主要考虑鱼塘水面蒸发、鱼塘渗漏和降水量 3 个因素，计算公式如下：

$$W = \sum_{i=1}^{12} (E_i + F_{di} - P) \cdot S$$

其中，W 为鱼塘补水量（m^3），E_i 为第 i 月的水面蒸发量（mm），F_{di} 为第 i 月的鱼塘渗漏量（mm），P 为降水量（mm），S 为鱼塘补水面积（亩）。考虑宁夏引黄灌区的实际状况并结合自治区"十四五"规划，将加大淡水鱼的养殖面积，从而对鱼塘补水面积进行预测。按照上述计算公式，可得现状年的鱼塘补水量，进而预测 2025 年引黄灌区渔业需水量，见表 5-11。

预测结果表明，在 50%降水频率下，引黄灌区的鱼塘补水量由从 2015 年的

2.46 亿 m^3 增加到 2025 年的 2.96 亿 m^3，年均增长 1.87%，增速相对缓慢。

表 5-11　宁夏引黄灌区不同水平年渔业需水预测　　单位：万 m^3

地区	2015 年			2025 年		
	P=50%	P=75%	P=90%	P=50%	P=75%	P=90%
银川市	4925.7	6094.5	6539.1	5910.9	7313.4	7847.0
永宁县	3077.6	3528.1	3626.1	3693.1	4233.7	4351.3
贺兰县	9081.8	11322.0	11399.1	10898.2	13586.4	13679.0
灵武市	796.9	828.5	847.9	956.3	994.3	1017.5
大武口区	493.4	701.0	730.9	592.1	841.2	877.1
惠农区	474.2	714.7	732.1	569.1	857.7	878.5
平罗县	3389.8	3791.8	3788.1	4067.7	4550.2	4545.7
利通区	345.3	516.5	523.5	414.4	619.8	628.2
青铜峡市	1178.5	1353.5	1360.2	1414.2	1624.2	1632.2
沙坡头区	680.9	1025.2	1051.3	817.1	1230.3	1261.5
中宁县	190.8	270.0	271.5	228.9	324.0	325.8
灌区合计	24634.9	30145.8	30869.8	29562.0	36175.2	37043.8

5. 引黄灌区农业总需水预测

农业需水预测一般采用定额法，具体计算公式如下：

$$W_{Ag}^{t}=\sum_{i=1}^{T^{t}}A_{Ai}^{t}m_{Ai}^{t}/\eta_{A}^{t}$$

其中，W_{Ag}^{t} 为在 t 水平年农业预测需水量（万 m^3），A_{Ai}^{t} 为在 t 水平年第 i 种作物的种植面积（万公顷），m_{Ai}^{t} 为在 t 水平年第 i 种作物的净灌溉定额（m^3/亩），$\eta_{A}^{t}m_{Ai}^{t}$ 为在 t 水平年的灌溉水利用系数，T^{t} 为在 t 水平年农作物的种类数。

根据宁夏引黄灌区不同水平年各计算单元作物种植结构和相应的面积、灌溉水利用系数及作物灌溉定额，计算并预测出现状年（2015 年）及规划水平年引黄灌区各行政分区农田净、毛灌溉用水量。加上之前预测的渔业需水，具体计算结果见表 5-12。

表 5-12 宁夏引黄灌区规划水平年农业需水预测 单位：万 m^3

地区	2015 年			2025 年		
	P=50%	P=75%	P=90%	P=50%	P=75%	P=90%
银川市	61088.9	64311.4	66439.4	57202.8	60653.1	62821.4
永宁县	52378.8	54800.8	56463.8	46572.5	48922.8	50463.8
贺兰县	71427.8	75435.9	77171.7	62528.7	66715.4	68225.7
灵武市	39201.5	40742.3	42030.5	33503.5	34925.8	36105.4
大武口区	5770.4	6161.8	6418.5	5171.0	5579.0	5817.5
惠农区	25228.9	26409.3	27356.2	21517.2	22636.6	23463.0
平罗县	86444.9	90366.9	93070.2	72756.9	76278.6	78581.5
利通区	35530.7	37449.9	38850.3	30751.2	32529.4	33801.9
青铜峡市	49746.0	52308.0	54082.9	46566.0	49087.1	50798.2
沙坡头区	40775.3	43214.2	44048.5	35356.8	37763.4	38523.9
中宁县	41716.8	44538.4	45637.9	38999.4	41704.3	42736.6
灌区合计	509310.0	535738.9	551569.9	450926.0	476795.5	491338.9

预测结果表明，农业需水总体呈下降趋势，以 50%降水频率为例，通过调整作物种植结构及逐步提高灌溉水利用系数等节水措施，农业节水潜力将逐渐减小，到 2025 年农业需水量为 45.09 亿 m^3，比 2015 年减少了 5.84 亿 m^3，总体来说，随着农业节水措施的实施，节水潜力将逐渐减小。

5.3.2 引黄灌区工业需水预测

随着社会的进步和经济的发展，工业在国民经济各部门所占的比重越来越大，需水量相应地也会增加，影响工业需水量的因素主要有工业发展情况、技术水平和产业结构等。随着科学技术的发展、工艺水平的提高、产业结构的调整和节水技术的完善，单位工业产值的需水量会有所下降，工业用水的重复利用率也会不断提高。

宁夏引黄灌区处于新型工业化发展初期，从当地的资源和现有工业基础看，未来工业发展的重点在能源化工产业领域，而能源资源的经济潜能必须依靠水来发挥。宁夏是全国五大煤炭生产基地之一，宁东煤田是全国 13 个亿吨级煤田之一，随着宁东煤炭化工基地的建设和工业经济总量增长，未来工业需水量将会有较大幅度的增加。工业结构战略性调整取得重大进展，宁东能源化工基地 5 年累计完成投资 1260 亿元，已被列入国家重点开发区，开工建设了一大批现代化大型煤矿、煤化工和电力项目。

1. 工业产值预测

结合自治区“十四五”规划，同时考虑现状和历年引黄灌区工业产值的实际情况，预测引黄灌区不同水平年的工业总产值，见表 5-13。

表 5-13　宁夏引黄灌区规划水平年工业总产值预测　　单位：万元

地区	2015 年	2025 年	
	工业总产值	年增长率/%	工业总产值
银川市	9090192	11.3	26517020
永宁县	1234911	9.8	3145278
贺兰县	1088082	9.6	2721243
灵武市	2850114	10.2	7527974
大武口区	3049488	8.9	7153287
惠农区	2886099	9.2	6958852
平罗县	1784002	9.6	4461705
利通区	1212820	8.4	2716997
青铜峡市	2806336	9.4	6891487
沙坡头区	1249031	9.8	3181241
中宁县	1195802	9.5	2963469
灌区合计	28446877	10.1	74238553

预测结果表明，引黄灌区工业总产值由 2015 年的 2844.69 亿元增加到 2025 年的 7423.86 亿元，年均增长 10.1%。

2. 工业需水量预测

工业需水量依据预测水平年工业总产值和需水定额计算，具体公式如下：

$$IQ_2^t = IQ_1^t \times (1-\alpha)^n \times \frac{1-R_2^t}{1-R_1^t}$$

$$IW_n^t = S_eV^t \times IQ^t / 10000$$

$$IW_g^t = IW_n^t / \eta_s^t = S_eV^t \times IQ^t / 10000\eta_s^t$$

其中，IQ_2^t为预测年份万元产值取水量（m^3/万元），IQ_1^t为起始年份万元产值取水量（m^3/万元），α为工业进步系数（一般为0.02～0.05，这里取0.02），n为起始年到预测年所经历的年份数，R_2^t为预测年份工业用水重复利用率，R_1^t为起始年份工业用水重复利用率，IW_n^t为工业在t水平年的净需水量（万m^3），S_eV^t为工业在t水平年的产值（万元），IQ^t为工业在t水平年的需水定额（m^3/万元），IW_g^t为工业在t水平年的毛需水量（万m^3），η_s^t为t水平年工业供水系统水利用系数。

工业节水主要包括两个方面：一方面是通过技术和设备的改造来减少对新鲜水的取用量；另一方面是提高非常规水利用量来替代一部分淡水资源。提高现有工业企业的节水改造力度，重点是提高工业用水重复利用率，提高对工业废水回收利用量，减少废水排放量，同时加大对城市中水的使用力度。围绕“五大十特”重点耗水行业和工业园区，促进企业循环用水以及园区循环用水网络系统的建设与改造。新的企业和项目都采取新的节水技术。到2025年，工业用水重复利用率将提高至85%。

“十四五”期间，主要考虑高耗水行业的节水。电力企业对湿冷机组进行改造，按照马莲台电厂2×330MW通过节水改造可节水200万m^3，平均1MW可节水0.3万m^3，现有湿冷机组装机达4990MW，年可节水1500万m^3。造纸行业现在产能为120万吨，用水定额从现在的100m^3/吨产品降低到60m^3/吨产品，则2025年可节约用水量4800万m^3。其他石化、食品、化肥等行业由于生产能力不大，年节水约1000万m^3，通过加大工业企业节水力度，加强企业内部节水工艺改造，可节约水量约0.7亿m^3。根据预测出的工业总产值和万元产值需水定额来计算预测不同水平年的工业总需水量，具体结果列于表5-14中。

表 5-14　宁夏引黄灌区规划水平年工业需水量预测

地区	2015 年			2025 年		
	工业总产值/万元	定额/m³/万元	需水量/万 m³	工业总产值/万元	定额/m³/万元	需水量/万 m³
银川市	9090192	10	10578	26517020	5	14956
永宁县	1234911	11	1527	3145278	5	1885
贺兰县	1088082	12	1504	2721243	6	1823
灵武市	2850114	18	6011	7527974	9	7695
大武口区	3049488	13	4658	7153287	7	5295
惠农区	2886099	33	10915	6958852	16	12756
平罗县	1784002	14	2854	4461705	7	3460
利通区	1212820	25	3528	2716997	12	3831
青铜峡市	2806336	20	6327	6891487	10	7531
沙坡头区	1249031	21	2998	3181241	10	3701
中宁县	1195802	21	2870	2963469	10	3447
灌区合计	28446877	16	53770	74238553	8	66380

预测结果表明，随着工业的发展，引黄灌区未来年份工业需水仍呈增长趋势，但工业需水的增长速度要远低于工业产值的增长速度。引黄灌区的工业需水量由 2015 年的 5.38 亿 m^3 增加到 2025 年的 6.638 亿 m^3，年均增长率为 2.13%。

5.3.3　引黄灌区生活需水预测

1. 人口发展预测

2015 年宁夏全区总人口 668 万人，城镇化率 55%，人口自然增长率 9.68‰，其中引黄灌区总人口 439 万人，城镇化率为 67%，按照“十四五”规划，到 2025 年宁夏全区总人口达到 725 万人，城镇化率将提高到 65%，人口自然增长率控制在 8‰以内。在研究历史数据及现状的基础上，结合《宁夏回族自治区国民经济和社会发展第十四个五年规划纲要》，并综合考虑社会经济发展水平和人口、民族分布及自然条件等特点，分别对宁夏引黄灌区人口发展和城镇化水平进行预测，结果见表 5-15，最终得到宁夏引黄灌区各县（市/区）人口发展状况，见表 5-16。

表 5-15 宁夏引黄灌区各县（市/区）人口及城镇化水平发展预测

地区	2015 年人口	年增长率/‰	预测总人口/万人	城镇化水平/%	
		2015—2025 年	2025 年	2015 年	2025 年
银川市	138.9	8.9	149.6	90.1	95.3
永宁县	23.4	8.4	25.6	45.9	48.0
贺兰县	25.3	8.8	24.9	48.8	59.8
灵武市	28.8	7.5	29.2	54.9	52.7
大武口区	30.4	4.4	28.7	93.0	89.9
惠农区	20.1	5.1	21.2	83.8	87.7
平罗县	28.4	5.1	32.1	45.8	38.3
利通区	40.5	9.9	45.4	61.7	64.0
青铜峡市	29.2	10.0	32.4	47.4	38.8
沙坡头区	40.3	9.0	46.5	54.4	47.6
中宁县	34.2	8.6	37.8	40.9	43.2
灌区合计	439.5	8.2	473.4	67.6	68.0

表 5-16 宁夏引黄灌区各县（市/区）人口发展状况 单位：万人

地区	2015 年			2025 年		
	城镇人口	农村人口	总人口	城镇人口	农村人口	总人口
银川市	125.1	13.7	138.8	142.6	7.0	149.6
永宁县	10.8	12.7	23.5	12.3	13.3	25.6
贺兰县	12.3	13.0	25.3	14.9	10.0	24.9
灵武市	15.8	13.0	28.8	15.4	13.8	29.2
大武口区	28.2	2.1	30.3	25.8	2.9	28.7
惠农区	16.8	3.2	20.0	18.6	2.6	21.2
平罗县	13.0	15.4	28.4	12.3	19.8	32.1
利通区	24.9	15.5	40.4	29.0	16.4	45.4
青铜峡市	13.8	15.4	29.2	12.6	19.8	32.4
沙坡头区	21.9	18.4	40.3	22.1	24.4	46.5

续表

地区	2015 年			2025 年		
	城镇人口	农村人口	总人口	城镇人口	农村人口	总人口
中宁县	14.0	20.2	34.2	16.3	21.5	37.8
灌区合计	296.6	142.6	439.2	321.9	151.5	473.4

预测结果表明，引黄灌区现状年总人口为 439.5 万人，到 2025 年总人口增加到 473.4 万人，年均增长率为 7.5‰，城镇化水平由 2015 年的 67.6%增加到 2025 年的 68%。2015 年城镇人口和农村人口分别为 296.6 万人和 142.6 万人，2025 年城镇人口和农村人口分别为 321.9 万人和 151.5 万人。

2. 生活需水定额预测

“十四五”期间，将进一步加大城市供水管网改造力度，进一步加强对城市中水管网的建设，从而推进城市生产－生活－生态水资源循环利用，降低城市供水管网的跑冒滴漏，使城市供水管网漏损率不超过 13%，城市中水回用率达到 50%。加大城市生活节水器具的使用力度，力争使全区节水器具普及率达到 90%以上。同时加大节水型城市、节水型服务业等的建设，不断加强节水宣传的力度，加强对公共用水的监测和监管，从而增强全民节水意识。

宁夏引黄灌区现状城镇生活用水定额为 123L/（人·d），农村生活用水定额为 32L/（人·d）。随着人民生活水平的不断提高，生活用水定额也会有一定幅度的增长。在详细分析历史用水量系列资料的基础上，结合近年生活用水趋势、生活用水习惯、节水技术的应用与推广、水资源管理水平的提高以及水价的调整等因素，并参考国内外同类地区生活用水定额标准，预测引黄灌区不同水平年城镇生活和农村生活的需水定额，见表 5-17。

3. 牲畜发展及需水定额预测

2015 年，宁夏引黄灌区农、林、牧、渔业总产值为 312.39 亿元，其中畜牧业产值为 73.73 亿元，占总产值的 23.6%，仅次于农业，位居第二位。2015 年，引黄灌区大牲畜年末存栏头数为 119.4 万头，生猪存栏数为 91.7 万头，羊只存栏数为470万只。农业是引黄灌区的支柱产业，粮食产量不断创新高，粮食加工业和饲料加工业也随之有较大发展，这些将为引黄灌区的畜牧业发展提供丰富的饲料来源，并结合宁夏"十四五"规划，到2025年，全区形成80万头奶牛、1600万只肉羊和250万头肉牛的畜牧业产业集聚区，预测引黄灌区不同水平年大小牲畜的平均增长率及大小牲畜量，预测结果见表5-18。

表5-17 宁夏引黄灌区各县（市/区）人均生活需水定额预测 单位：L/（人·d）

地区	2015年		2025年	
	城镇生活	农村生活	城镇生活	农村生活
银川市	159	35	165	40
永宁县	106	35	111	40
贺兰县	98	35	103	40
灵武市	82	35	87	40
大武口区	91	36	96	41
惠农区	112	36	115	41
平罗县	97	35	102	40
利通区	92	35	97	40
青铜峡市	104	35	108	40
沙坡头区	70	35	85	40
中宁县	78	35	83	40
灌区平均	122.3	35	127.5	40

表5-18 宁夏引黄灌区各县（市/区）大小牲畜发展预测

地区	2015年		2025年			
	大牲畜/万头	小牲畜/万只	大牲畜增长率/%	小牲畜增长率/%	大牲畜预测值/万头	小牲畜预测值/万只
银川市	20.93	43.66	3.1	2.3	28.41	54.81
永宁县	14.01	46.67	3.4	2.5	19.58	59.74
贺兰县	8.36	41.46	3.5	2.5	11.79	53.07
灵武市	9.48	110.61	3.5	2.6	13.38	142.98
大武口区	0.34	3.59	2.1	1.2	0.42	4.05
惠农区	2.60	40.95	2.3	3	3.27	55.03

续表

地区	2015年		2025年			
	大牲畜/万头	小牲畜/万只	大牲畜增长率/%	小牲畜增长率/%	大牲畜预测值/万头	小牲畜预测值/万只
平罗县	7.60	91.07	2.4	3.2	9.64	124.79
利通区	41.66	88.91	3.5	3.1	58.77	120.65
青铜峡市	13.99	142.15	3.7	3.4	20.12	198.58
沙坡头区	9.01	62.03	3.8	3	13.08	83.36
中宁县	9.29	105.55	3.8	3.2	13.49	144.63
灌区合计	137.27	776.65	3.4	3	191.95	1041.69

农村牲畜用水定额因各地区的水源条件存在一定的差异，大小牲畜的用水定额也不一样。2015年，引黄灌区大小牲畜的用水定额分别为30L/（头·d）和9L/（只·d）。根据引黄灌区的发展状况、自然条件及供用水现状情况，参考全国同类地区的标准等因素，预测引黄灌区规划水平年2025年牲畜的需水定额：大牲畜的需水定额为31L/（头·d），小牲畜的需水定额为9L/（只·d）。

4. 生活需水量预测

生活需水包括城镇居民用水、农村居民用水和牲畜用水三部分，采用日均用水量的方法进行预测，具体公式如下：

$$LW_{ni}^{t} = P_{O_i}^{t} \times LQ_i^{t} \times 365/1000$$

$$LW_{gi}^{t} = LW_{ni}^{t} / \eta_{li}^{t} = P_{O_i}^{t} \times LQ_i^{t} \times 365/(1000\eta_{li}^{t})$$

其中，i代表用水户，$i=1$为城镇居民，$i=2$为农村居民，$i=3$为牲畜，t为规划水平年，LW_{ni}^{t}表示i用水户在t水平年的净需水量（万m^3），$P_{O_i}^{t}$表示i用水户在t水平年的数量（万人、万头、万只），LQ_i^{t}表示i用水户在t水平年的用水定额（L/（人/头/只·d）），LW_{gi}^{t}表示i用水户在t水平年的毛需水量（万m^3），η_{li}^{t}表示i用水户在t水平年的供水系统水利用系数。

引黄灌区2015年管网漏损率为15%左右，随着生活节水器具的普及和推广及供水管网的改造，城市生活用水利用率将不断提高。根据“十四五”规划及《宁夏节水型社会纲要》，全区将进一步加大城市供水管网改造力度，降低城市供水管网的跑冒滴漏，到 2025 年使全区城市供水管网漏损率不超过 13%。加快对供水管网系统改造的步伐，进一步加强对城市中水管网的建设，推进城市生产－生活－生态水资源循环利用，提高城市生活节水器具的使用率。加强节水宣传力度，增强全民节水意识。通过以上措施的实施，预期到 2025 年，使得城市中水回用率达到 50%，城镇节水器具普及率达到 90%。同时加大节水型城市、节水型服务业等的建设。结合发达国家及地区和引黄灌区的实际情况，确定引黄灌区 2025 年城市供水系统的利用效率为 88%。根据引黄灌区人口预测结果、需水定额预测及供水管网的供水效率，最终确定引黄灌区生活需水总量，见表 5-19。

表 5-19 宁夏引黄灌区各县（市/区）生活需水预测结果 单位：万 m^3

地区	城镇生活需水		农村生活需水		牲畜需水	
	2015 年	2025 年	2015 年	2025 年	2015 年	2025 年
银川市	8572.3	9759.2	107.2	102.2	384.4	521.5
永宁县	461.7	565.8	168.9	194.3	317.8	439.6
贺兰县	516.8	635.7	130.7	146.3	236.8	327.1
灵武市	447.2	555.2	180.1	201.7	489.1	673.2
大武口区	920.1	1027.3	44.7	43.4	16.2	19.5
惠农区	780.0	887.2	47.3	38.9	171.0	237.9
平罗县	422.2	519.5	257.1	289.4	400.4	564.5
利通区	946.8	1168.2	213.0	238.9	772.1	1105.4
青铜峡市	463.8	563.6	238.5	289.3	648.6	952.5
沙坡头区	549.2	780.5	305.3	355.7	315.3	452.2
中宁县	451.6	562.4	267.0	313.4	469.4	680.5
灌区合计	14531.7	17024.6	1959.8	2213.5	4221.1	5973.9

预测结果表明，城镇生活需水增长较快，2015 年为 1.45 亿 m^3，原因是人均用水定额的增加以及城镇化进程的加快，之后增长速度相对缓慢，2025 年城镇生活需水量为 1.7 亿 m^3，年均增长 1.6%。农村居民生活需水增长相对较少，2015

年和2025年农村居民生活需水分别为0.2亿m^3和0.22亿m^3，原因是城镇化步伐加快，农村人口不断向城市转移。在“十四五”规划中，要加快畜牧业的发展，所以牲畜的需水量从2015年的0.42亿m^3提高到2025年的0.6亿m^3。生活总需水量从2015年的2.07亿m^3提高到2025年的2.52亿m^3，年均增长1.99%。

5.3.4 引黄灌区生态环境需水预测

生态环境需水是指与特定的生态环境保护目标相联系的化学、物理、生物过程处于平衡状态时所需要的水分，涉及不同尺度的水循环平衡、水土平衡、水热平衡、水盐平衡、水沙平衡和水化学平衡等。生态需水是指为解决生态问题（如保护生态景观和水生生物等）所需的水量，环境需水是指为解决环境问题（如改善水环境、降低或减少环境污染等）所需的水量。

对于宁夏引黄灌区，计算生态环境需水主要是以城市绿化和湖泊补水为主，按照现状年绿化面积和现状年城镇河湖补水量等估算出单位水面所需要的补水量，然后根据对规划水平年所做的河湖面积的预测值进行需水量计算。2015 年引黄灌区生态需水量为15537万m^3，规划水平年2025年生态需水量为23305.4万m^3。预测结果见表5-20。

表5-20　宁夏引黄灌区各县（市/区）不同水平年生态需水预测结果　　单位：万m^3

地区	2015年			2025年		
	城市绿化	湖泊湿地	总需水量	城市绿化	湖泊湿地	总需水量
银川市	424	1101	1524.4	508.7	1777.9	2286.6
永宁县	34	1197	1231.2	40.6	1806.2	1846.8
贺兰县	37	2660	2697	44.1	4001.4	4045.5
灵武市	46	306	351.8	55.2	472.5	527.7
大武口区	318	1500	1817.5	381.2	2345.1	2726.3
惠农区	231	238	469	276.6	427.0	703.6
平罗县	30	3605	3635.1	36.6	5416.0	5452.6

续表

地区	2015年			2025年		
	城市绿化	湖泊湿地	总需水量	城市绿化	湖泊湿地	总需水量
利通区	305	574	879.5	366.2	953.0	1319.2
青铜峡市	281	774	1055.3	337.2	1245.8	1583
沙坡头区	228	710	938.1	273.3	1133.8	1407.1
中宁县	32	906	938.1	38.3	1368.8	1407.1
灌区合计	1966	13571	15537	2358.0	20947.5	23305.5

5.3.5 引黄灌区不同水平年需水量预测成果及分析

1. 预测结果

引黄灌区总需水量包括农业需水（包括农田灌溉需水和渔业需水）、工业需水、生活需水（包括城镇生活需水和农村人畜需水）、生态需水四部分。以2015年作为基准年，根据“十四五”规划、社会经济发展状况及各分区社会经济发展指标，按照各种影响因素之间的定量关系，最终确定了工业和生活需水方案。引黄灌区通过加快灌区节水改造和水权转换等措施，以节水为中心，不断提高水资源利用效率，从而保障不断增长的生活、生产和生态用水需求。进一步完善灌区水系建设，加快实施青铜峡灌区、沙坡头灌区续建配套和节水改造工程，力争实现灌区节水30%，增产30%。在定额指标确定过程中，充分考虑了生活习惯、生活水平的提高、用水特性以及黄河断流越来越严重的现实情况，对上游的节水要求会越来越高，对工业用水的重复利用率会更加严格。农业需水也充分考虑了各种与灌溉需水量有关的因素。总需水量见表5-21。

表5-21 宁夏引黄灌区各县（市/区）规划水平年需水预测结果 单位：万 m^3

水平年	分区	农业			工业	生活	生态	合计		
		P=50%	P=75%	P=90%				P=50%	P=75%	P=90%
2015年	银川市	61088.9	64311.4	66439.4	10578	9063.9	1524.4	82255.2	85477.7	87605.7
	永宁县	52378.8	54800.8	56463.8	1527	948.4	1231.2	56085.4	58507.4	60170.4

续表

水平年	分区	农业			工业	生活	生态	合计		
		P=50%	P=75%	P=90%				P=50%	P=75%	P=90%
2015年	贺兰县	71427.8	75435.9	77171.7	1504	884.3	2697.0	76513.1	80521.2	82257.0
	灵武市	39201.5	40742.3	42030.5	6011	1116.4	351.8	46680.7	48221.5	49509.7
	大武口区	5770.4	6161.8	6418.5	4658	981	1817.5	13226.9	13618.3	13875.0
	惠农区	25228.9	26409.3	27356.2	10915	998.3	469.0	37611.2	38791.6	39738.5
	平罗县	86444.9	90366.9	93070.2	2854	1079.7	3635.1	94013.7	97935.7	100639.0
	利通区	35530.7	37449.9	38850.3	3528	1931.9	879.5	41870.1	43789.3	45189.7
	青铜峡市	49746.0	52308.0	54082.9	6327	1350.9	1055.3	58479.2	61041.2	62816.1
	沙坡头区	40775.3	43214.2	44048.5	2998	1169.8	938.1	45881.2	48320.1	49154.4
	中宁县	41716.8	44538.4	45637.9	2870	1188	938.1	46712.9	49534.5	50634.0
	灌区合计	509310.0	535738.9	551569.9	53770	20712.6	15537.0	599329.6	625758.5	641589.5
2025年	银川市	57202.8	60653.1	62821.4	14956	10382.9	2286.6	84828.3	88278.6	90446.9
	永宁县	46572.5	48922.8	50463.8	1885	1199.7	1846.8	51504.0	53854.3	55395.3
	贺兰县	62528.7	66715.4	68225.7	1823	1109.1	4045.5	69506.3	73693.0	75203.3
	灵武市	33503.5	34925.8	36105.4	7695	1430.1	527.7	43156.3	44578.6	45758.2
	大武口区	5171.0	5579.0	5817.5	5295	1090.2	2726.3	14282.5	14690.5	14929.0
	惠农区	21517.2	22636.6	23463.0	12756	1164	703.6	36140.8	37260.2	38086.6
	平罗县	72756.9	76278.6	78581.5	3460	1373.4	5452.6	83042.9	86564.6	88867.5
	利通区	30751.2	32529.4	33801.9	3831	2512.5	1319.2	38413.9	40192.1	41464.6
	青铜峡市	46566.0	49087.1	50798.2	7531	1805.4	1583.0	57485.4	60006.5	61717.6
	沙坡头区	35356.8	37763.4	38523.9	3701	1588.4	1407.1	42053.3	44459.9	45220.4
	中宁县	38999.4	41704.3	42736.6	3447	1556.3	1407.1	45409.8	48114.7	49147.0
	灌区合计	450926.0	476795.5	491338.9	66380.0	25212.0	23305.5	565823.5	591693.0	606236.4

2. 预测结果分析

预测结果显示，在采取节水措施的基础上，引黄灌区的总需水量呈逐渐下降趋势，以50%降水频率为例，引黄灌区需水总量由2015年的59.93亿m^3减少到2025年的56.58亿m^3，减少了3.35亿m^3。各部门需水中，农业需水通过调整作物种植结构及逐步提高灌溉水利用系数等节水措施，需水量由2015年的50.93亿m^3减少到2025年的45.09亿m^3，减少了5.84亿m^3。总体来说，随着农业节水措施的实施，节水潜力将逐渐减小。随着工业的发展，引黄灌区未来年份工业需水仍呈增长趋势，但工业需水的增长速度要远低于工业产值的增长速度。引黄灌区的工业需水量由 2015 年的 5.38 亿 m^3 增加到 2025 年的 6.64 亿 m^3。生活需水增长较快，生活总需水量从 2015 年的 2.07 亿 m^3 增加到 2025 年的 2.52 亿 m^3，主要原因是城镇化进程的加快及人均用水定额有所增加。2015 年引黄灌区生态需水量为 1.55 亿 m^3，到 2025 年生态需水量为 2.33 亿 m^3。

随着节水措施的实施，以 50%降水频率为例，规划水平年 2025 年的需水结构也随之发生变化，尽管农业仍然是需水大户，但其需水量和需水比重都在减少，而工业需水、生活需水和生态需水的比重都在增加。规划水平年 2025 年农业需水比重为 76.69%，比 2015 年下降了 5.15 个百分点，明显体现出了农业的节水效果；而工业需水比重由 2015 年的 8.97%增加到 2025 年的 11.73%，增幅较大；生活需水的比重也发生了较大的变化，由 2015 年的 3.46%增加到 2025 年的 4.46%，生态需水由 2015 年的 2.59%增加到 2025 年的 4.12%。规划水平年的需水结构如图 5.2 和图 5.3 所示。

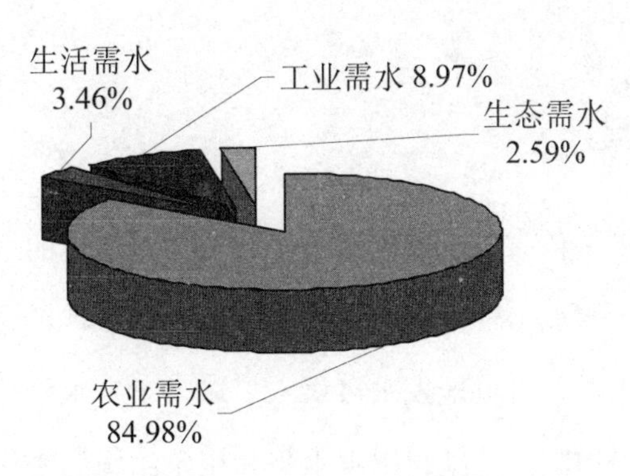

图 5.2　50%降水频率下 2015 年需水结构

总体来看，随着节水措施的实施，宁夏引黄灌区的需水结构发生了很大的变化，那就是为了提高人民生活水平，社会发展的必然趋势就是工业需水、生活需水和生态需水比重明显增加，农业需水比重明显减少。同时为了增加人均收入，只能大力发展城镇经济，其结果就是各个产业的需水均明显增加，但是地区水资源量总量是不变的，只能通过压缩农业用水，将农业节省下来的水补给工业、生活及生态需水。当然，农业是社会发展的基础和根本，压缩农业用水必须在保证农业健康稳定发展的前提下进行，不能动摇生存之根本，更不能危及地区的粮食生产安全。

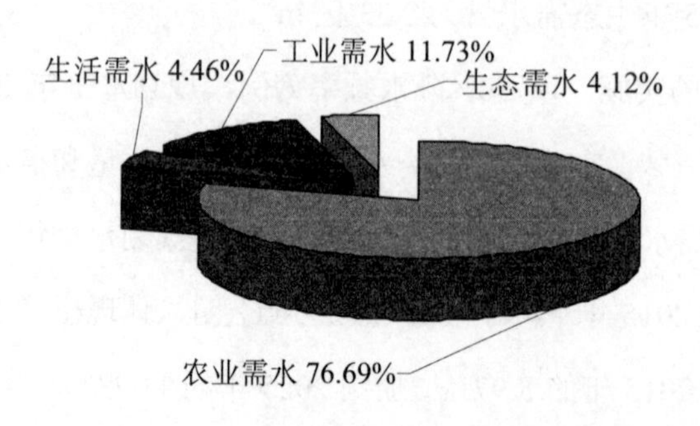

图 5.3　50%降水频率下 2025 年需水结构

5.4　宁夏引黄灌区可供水量预测

5.4.1　供水方案

宁夏引黄灌区主要依靠过境黄河地表水和地表水转化的地下水，引黄灌区取水条件较好，工程供水能力较大，可供水量主要受取水许可总量及允许耗黄指标约束。具体供水方案中，引黄地表水可供水量以《宁夏水权转换总体规划》确定的取水许可总量作为控制，并结合用水水平和用水结构的变化来确定供水规模。地下水可供水方面，引黄灌区通过地表地下水联合运用加大浅层地下水开采力度，深层地下水超采量逐步采取浅层地下水和地表水替代的方式。同时，今后将逐步加大对非常规水资源的利用，包括废污水处理回用、雨洪水和苦咸水的再生利用等。综合以上各方面影响可供水量的因素综合确定不同水平年的可供水量。

5.4.2 基于 SWAT 模型的径流量预测

第 3 章已经建立了宁夏引黄灌区的 SWAT 模型，通过对模型的参数率定和验证，表明该模型适合于引黄灌区，可以对黄河流域宁夏段的径流量进行预测。具体做法是在保持土壤参数、河道参数和地下水参数等（这些参数是率定后认为合理的参数）不变的基础上，按照预测期的条件设置相关参数及数据，如降水数据、气象数据、土地利用数据和人工用水数据等。

2015 年黄河干流宁夏段实测入境（下河沿站）水量为 278.83 亿 m^3，实测出境（石嘴山站）水量为 241.74 亿 m^3，进出境水量差为 37.09 亿 m^3。引黄灌区引黄河水量为 61.42 亿 m^3，灌区排水量为 27.96 亿 m^3，引排差为 33.46 亿 m^3。

随着气候的变化，未来气温将会有所上升，降水量也随之有所变化，并参考前面对规划水平年 2025 年对引黄灌区灌溉面积和作物种植结构的预测结果，对已经建立的宁夏引黄灌区的 SWAT 模型的相应变化参数进行修改。在 SWAT 模型数据库中，分别对 3 种典型年的气象和降水日数据做出相应修改，结合预测结果对土地利用数据进行调整，从而预测黄河干流宁夏段 2025 年在 50%、75%、90%三种降水频率下的径流量。模拟石嘴山水文站的月径流量，所得结果见表 5-22。

表 5-22 黄河干流宁夏段径流量预测 单位：万 m^3

月份	2025 年		
	P=50%	P=75%	P=90%
1	110546	139067	145085
2	115621	138508	136772
3	110653	127890	148631
4	142301	133373	198893
5	176077	176545	167155
6	205173	155729	199805
7	225896	161414	174041
8	238484	218300	188645

续表

月份	2025年		
	P=50%	P=75%	P=90%
9	313144	288883	277668
10	322192	378914	284876
11	190030	208019	165003
12	161882	165205	164907
全年合计	2311999	2291847	2251481

5.4.3 可供水量预测

主要考虑黄河来水频率，随着节水措施的实施，受允许耗水量的约束，引黄灌区地表供水量逐步减少，而地下水供水量和非常规供水有所增加，总供水量仍呈下降趋势。现状年可供水量见表5-23，综合考虑不同规划水平年工程供水能力、需水结构和用水水平的提高，非常规水资源利用力度以及引黄灌区的SWAT模型对黄河干流宁夏段的径流量的预测，对引黄灌区规划水平年的可供水量进行预测，预测50%降水频率下2025年由现状的59.69亿m^3减少到56.18亿m^3，见表5-24。

表5-23 宁夏引黄灌区各县（市/区）2015年可供水量 单位：万m^3

地区	地表水	地下水	合计
银川市	67563	14485	82048
永宁县	54074	2011	56085
贺兰县	74736	1777	76513
灵武市	44183	2498	46681
大武口区	6288	6738	13026
惠农区	33065	2517	35582
平罗县	89353	4661	94014
利通区	39486	2384	41870
青铜峡市	55375	3104	58479
沙坡头区	41531	4350	45881
中宁县	44702	2011	46713
灌区合计	550356	46536	596893

表 5-24 宁夏引黄灌区各县（市/区）P=50%条件下规划水平年可供水量预测 单位：万 m^3

地区	2025 年		
	地表水	地下水	合计
银川市	66817	17309	84126
永宁县	49100	2404	51504
贺兰县	67383	2124	69507
灵武市	40171	2985	43156
大武口区	6335	7646	13981
惠农区	30282	2856	33138
平罗县	77754	5289	83043
利通区	35548	2866	38414
青铜峡市	53754	3731	57485
沙坡头区	37023	5031	42054
中宁县	43084	2326	45410
灌区合计	507251	54567	561818

在 75%降水频率下，地表水可供水量较 50%降水频率年份有所减少，地下水开采量由于受可开采量约束，变化较小。2025 年总供水量 53.44 亿 m^3，较 50%来水条件减少 2.74 亿 m^3，见表 5-25。

表 5-25 宁夏引黄灌区各县（市/区）P=75%条件下规划水平年可供水量预测 单位：万 m^3

地区	2025 年		
	地表水	地下水	合计
银川市	60499	16897	77396
永宁县	47098	2346	49444
贺兰县	64653	2073	66726
灵武市	38948	2914	41862
大武口区	5538	7464	13002
惠农区	26982	5163	32145
平罗县	76102	2788	78890
利通区	33696	2798	36494
青铜峡市	50394	3642	54036

续表

地区	2025 年		
	地表水	地下水	合计
沙坡头区	35460	4911	40371
中宁县	41777	2270	44047
灌区合计	481147	53266	534415

在 90%降水频率下，地表水可供水量较 75%降水频率年份继续减少，地下水开采量由于受可开采量约束，变化也较小。2025 年总供水量为 50.85 亿 m^3，较 75%来水条件减少 2.59 亿 m^3，见表 5-26。

表 5-26 宁夏引黄灌区各县（市/区）P=90%条件下规划水平年可供水量预测 单位：万 m^3

地区	2025 年		
	地表水	地下水	合计
银川市	55281	15924	71205
永宁县	45255	2211	47466
贺兰县	62103	1954	64057
灵武市	37860	2746	40606
大武口区	5058	7035	12093
惠农区	26315	4865	31180
平罗县	72318	2628	74946
利通区	32032	2637	34669
青铜峡市	47362	3432	50794
沙坡头区	34128	4628	38756
中宁县	40586	2140	42726
灌区合计	458298	50200	508498

5.5 宁夏引黄灌区水资源供需平衡分析

在 50%降水频率下，引黄灌区的总供水量能够满足 2025 年的用水需求，基本不缺水。只有银川市、大武口区和惠农区由于工业用水增加较多，有少量缺水现象，2025年引黄灌区缺水量为0.40亿m^3，其中银川市、大武口区和惠农区缺水量分别为0.07亿m^3、0.03亿m^3、0.3亿m^3，见表5-27。

在75%降水频率下，引黄灌区的总供水量不能满足2025年的用水需求。各个县（市/区）均有不同程度的缺水，其中银川市、大武口区和惠农区缺水程度较高。2025年引黄灌区缺水量为5.73亿m^3，缺水率为9.68%，其中银川市、大武口区和惠农区缺水量分别为1.09亿m^3、0.17亿m^3、0.51亿m^3，见表5-27。

在90%降水频率下，引黄灌区的缺水量继续呈上升趋势，总供水量不能满足2025年的用水需求。各个县（市/区）缺水程度加重，其中银川市、大武口区和惠农区缺水程度较高。2025年引黄灌区缺水量为9.77亿m^3，缺水率为16.12%，其中银川市、大武口区和惠农区缺水量分别为1.92亿m^3、0.28亿m^3、0.69亿m^3，见表5-27。

表5-27 引黄灌区2025年水资源供需平衡分析表 单位：万m^3

降水频率	地区	可供水量	需水量	缺水量	缺水率
50%	银川市	84126	84828	702	0.83
	永宁县	51504	51504	0	0.00
	贺兰县	69506	69506	0	0.00
	灵武市	43156	43156	0	0.00
	大武口区	13982	14283	301	2.11
	惠农区	33139	36141	3002	8.31
	平罗县	83043	83043	0	0.00
	利通区	38414	38414	0	0.00
	青铜峡市	57485	57485	0	0.00
	沙坡头区	42053	42053	0	0.00
	中宁县	45410	45410	0	0.00
	灌区合计	561818	565823	4005	0.71
75%	银川市	77396	88278.6	10882	12.33
	永宁县	49444	53854.3	4410	8.19
	贺兰县	66726	73693	6967	9.45
	灵武市	41862	44578.6	2717	6.09

续表

降水频率	地区	可供水量	需水量	缺水量	缺水率
75%	大武口区	13003	14690.5	1688	11.49
	惠农区	32145	37260.2	5116	13.73
	平罗县	78891	86564.6	7674	8.86
	利通区	36493	40192.1	3699	9.20
	青铜峡市	54036	60006.5	5970	9.95
	沙坡头区	40371	44459.9	4089	9.20
	中宁县	44048	48114.7	4067	8.45
	灌区合计	534415	591693	57279	9.68
90%	银川市	71205	90446.9	19242	21.27
	永宁县	47466	55395.3	7929	14.31
	贺兰县	64057	75203.3	11146	14.82
	灵武市	40606	45758.2	5152	11.26
	大武口区	12093	14929	2836	19.00
	惠农区	31180	38086.6	6906	18.13
	平罗县	74946	88867.5	13921	15.67
	利通区	34669	41464.6	6796	16.39
	青铜峡市	50794	61717.6	10924	17.70
	沙坡头区	38756	45220.4	6464	14.29
	中宁县	42726	49147	6421	13.06
	灌区合计	508498	606236.4	97737	16.12

5.6 小结

本章结合《宁夏回族自治区国民经济和社会发展第十四个五年规划和 2035 年远景目标纲要》，对引黄灌区的各项社会经济发展指标进行了预测，在此基础上预测了不同水平年的农业、工业、生活和生态用水量，然后对不同水平年的可供水量进行预测并进行供需平衡分析。

第 6 章　区域水资源优化配置理论及多目标模型求解

6.1　水资源优化配置理论

6.1.1　水资源优化配置基本概念

《全国水资源综合规划大纲》对水资源合理配置的定义：在特定的区域或流域内，按照市场规律和资源配置准则，并且在遵循公平性、有效性和可持续性原则的基础上，通过合理抑制需求、保障有效供给、维护并不断改善生态环境等一系列手段，再加上一些工程与非工程措施，在区域之间以及用水部门之间对可利用的水资源进行优化配置[119]。该定义不但给出了水资源合理配置的研究范围、原则、手段方法及措施，同时也明确了水资源合理配置的目的，具体表现在以下 5 个方面：

（1）水资源配置的研究范围应限定在一定的区域或流域内，区域水资源优化配置通常显得微观一些，区域水资源配置侧重于部门和产业之间对水资源的合理分配，而流域的水资源配置通常显得较为宏观。

（2）用以配置的水资源形式是多样的，包括地表水、地下水、外调水和回用水等。

（3）水资源合理配置的原则一般为公平性、有效性和可持续性。

（4）水资源合理配置的措施主要包括工程措施和非工程措施，工程措施包括引水、提水、蓄水、调水和污水处理及回用工程等，而非工程措施包括行政法规措施和经济技术管理措施等。

（5）水资源合理配置的目的是采用先进的科学技术方法和合理有效的管理体制对水资源开发利用进行合理的设计和规划，从而达到水资源可持续利用的目的，促进社会经济的健康发展。

区域水资源优化配置，就是对生活、生产和生态用水进行合理调配，对用水部门、地区等各用水单位的用水关系进行调节，在区域范围内对多种可利用水源进行合理配置，从而实现对水资源的统一管理。在缺水地区，只有科学合理地对水进行分配，才能保证区域在经济、生活、生态、环境以及可持续发展等方面取得最佳效益，才能实现社会经济的可持续发展[120]。

如今人类的生存安全已经遭受到全球性水资源短缺的威胁，对于区域性的水资源短缺表现得更加突出，社会经济的发展严重受限。水资源是有限的，因此对区域多水源利用必须进行优化调度，才能使得经济、社会和环境效益最大化，从而保证区域经济社会的可持续发展。区域水资源优化配置主要考虑以下 4 个方面[121]：

（1）确定优化目标、约束条件以及多水源协调用水结构方案。目标函数可以是一个，也可以是几个，根据具体问题来决定。在分析系统的调度时，应将所有的约束条件确定下来，不得遗漏或错误。

（2）建立优化配置模型，即用数学模型来反映水资源优化配置过程中各环节及其影响因素之间的关系。

（3）对模型求解，根据所建立的水资源优化配置模型的特点，选择合适的优化方法进行求解，得出可行方案集。

（4）方案的决策与优选，在水资源优化配置的众多方案当中，要选出最优的方案进行配置，因此要选用合适的分析与计算方法，从而确定最优解及最优方案。

6.1.2 水资源优化配置基本原则

水资源优化配置的目标是用科学合理的手段，在保证有限的水资源获得最大效益的基础上，将有限的水资源在各用水部门及区域间进行合理分配，从而促进社会经济与生态环境的协调发展。水资源优化配置遵循以下基本原则[121]：

（1）有效性原则。在水资源配置过程中，通常所讲的有效性是指社会经济的发展对水资源的利用是否能创造一定的经济效益。在水资源优化配置时，要增加对降水的直接利用，减少水资源转化过程中的无效蒸发；增加单位供水量对工业、农业和GDP的产出，减少水污染；遵循市场规律，在水资源开发利用过程中，不光追求经济效益，同时要考虑生态效益，二者协调发展。由此可以看出，在水资源优化配置时，只有实现了水资源开发利用与社会经济、生态环境的协调发展，才能真正实现水资源优化配置的有效性原则。目前，我国单方水产出效益要比发达国家低很多，水资源的有效利用率比较低，节水潜力较大。工业节水通过循环用水来提高工业用水的重复利用率，降低定额并减少排污量；农业节水在于减少无效蒸发与渗漏损失，进一步提高水分利用效率，达到节水增产的目的；城市生活用水要推广节水生活器具，减少生活用水的浪费，随着我国城市化进程的推进，城市用水和工业用水会有较大幅度的增长，所以要大力加强城市和工业节水工作[122]。

（2）公平性原则。水资源配置过程中，要确保区域、用水用户、近期与远期，以及用水人群之间对水量和水环境容量公平合理的分配。对于过境水量，地区之间应当在相互协调的基础上，统筹安排、科学规划、合理分配；要不断减少乃至停止对深层地下水的开采，一般应优先满足生活用水和最小生态用水。

（3）可持续性原则。在水资源开发利用过程中，要在考虑子孙后代用水需求的基础上，合理规划近期与远期的用水需求，从而实现可持续发展。而不只为满足现阶段经济社会发展用水的需求，对水资源进行掠夺性、大规模、破坏性的开发利用，不应让后代人正常利用水资源的权利遭到破坏。如果人类对水资源开发利用合理，水文循环过程可以对水资源进行更新恢复，而如果对水资源的开发利用不当，将对今后的水资源开发利用造成严重影响。因此，人类在对水资源开发利用的同时，要充分考虑保护水资源的再生能力，从而保证水资源能循环利用。

（4）系统性原则。资源优化配置既要考虑流域内各行政区之间的水权关系，又要对干流和支流、地表水和地下水、地表水和过境水、降水性水资源和径流性水资源统一配置。在不同层面上，将水环境容量和水量平衡、流域水资源循环转化和国民经济用水的供、用、耗、排等联系起来，从而用系统性原则来指导水资源优化配置。

6.1.3 水资源优化配置手段

水资源合理配置的手段有以下几类[123]：

（1）工程手段。通过引水、提水、调水等工程措施对水资源调蓄、分配和输送，从而达到合理配置的目的。

（2）行政手段。通过政府职能部门的行政权力，以命令、规定、指示、条例等形式对水资源进行管理，通过行政措施进行水资源配置，调配生活、生产和生态用水，从而实现水资源的统一优化调度管理。

（3）经济手段。按照社会主义市场经济的原则，建立以法律为基础的市场运行机制和合理的水价机制。利用经济手段和市场加以调节，利用市场调控机制，达到用好水资源的目的，不断提高水资源的利用效率，使水资源的利用模式逐步向着好的方向转变。

（4）科技手段。充分认识当地水资源的特点和问题，采取合理的技术手段，建立完善的水资源实时监控系统，开发利用并保护好水资源。对水资源的需求做出科学合理的分析，依靠先进的优化技术做出决策，从而对有限的水资源进行科学、有效、合理的优化配置。

（5）多种手段并举。我国水资源时空分布与经济结构产业布局严重失调，一些工程措施是解决水资源区域分配不均的重要手段，但由于我国水资源严重短缺，仅靠工程措施实现水资源的可持续利用还不够，必须加强非工程措施，如大力推广节水技术、加强水资源开发利用的统一管理等措施。

6.1.4 水资源优化配置属性

水资源优化配置的实质是对水资源在数量、质量、空间、时间及用途上的合理分配。水资源优化配置是基于可持续发展思想，利用优化技术，以社会、经济和环境的综合效益最大化为目标，对不同规划水平年内水资源在各子区和各用水部门间的合理配置。水资源优化配置具有多用户、多水源、多要素、多目标属性。

（1）多用户。水资源优化配置是运用先进的技术和合理的手段等，将有限的水资源在区域间及各行业之间进行合理分配。为了能够真正实现优化配置这一目标，及时准确掌握各行业的用水特性及用水发展趋势就显得非常重要。在供需预测分析中，根据各个用水户的特性及所属的行业，一般将用户划分为农业、工业、生活和生态 4 种，当然也可以对每类用户进行更细的划分。按照水资源优化配置公平性及可持续性原则，一般先满足人类生存用水，然后再考虑生产用水，按照这种优先用水原则，对于农业、工业、生活、生态四大用户，优先考虑生活和生态用水，在兼顾工业用水的基础上，最后满足农业用水需求。除此之外，同时要考虑规划者、用水户及社团等利益相关者的作用，发挥管理者及用水协会的作用，保障不同用水群体的公平性，统筹兼顾各方利益，最终对水资源进行合理配置。

（2）多水源。国内外对水资源的概念给出了不同的定义，一般指“可以被利用或者有可能被利用的水源”或是“可恢复和更新的淡水”。传统的水资源配置中，水资源主要包括当地地表水、地下水、外流域调水、再生水及其他非常规水源。对于具有多种水源地区的水资源优化配置，通常的做法是优先配置当地地表水资源，然后是地下水和再生水，最后考虑跨流域调水及非常规水源等。当然各种水资源利用的优先次序还要结合当地的实际情况来确定，考虑当地经济发展水平、水资源状况等因素，结合当地的实际情况来确定配置次序。水资源的内涵和范畴随着科学技术和社会经济的发展也在不断地更新和扩展，水资源优化配置的水源又增加了土壤水、中水、海水等。在配置过程中，要全面综合考虑整个水资源系统，各种水源又可以相互转化，并统筹各种水源，最终才能保证对各用户的供水。

（3）多要素。水资源具有供水、种植、养殖和发电等功能，这些功能的实现由水量、水质、水温、水能等要素决定。水资源各要素间的关系及重要程度通过其目标和用途间的关系来体现，各要素之间又相互制约、相互作用、相互关联。在对水资源优化配置时，要充分考虑水量、水质、水温、水能等要素，水资源具有量和质的统一性，水质不达标会影响到水量，水量过多或过少也会对水能资源的开发利用产生影响，只有遵循合理、高效和科学的原则，才能实现既定目标。

（4）多目标。对于水资源利用的目标，如果从效益方面划分可分为社会目标、经济目标和生态环境目标，如果从功能角度划分可分为供水、发电、养殖、航运、生态保护等，从安全角度可分为供水安全、防洪安全和生态安全。传统的水资源优化配置一般采用多目标规划法，注重经济的发展，主要考虑经济效益。而基于可持续发展的水资源优化配置在追求经济利益的同时，还要考虑生态环境问题，要保证社会经济和生态环境协调发展，目标更为复杂，宜采取定量与定性相结合的方式进行决策。

6.1.5 水资源优化配置任务及目标

随着社会的进步和经济的发展，人类对水资源在质和量方面的需求标准也越来越高，而自然界能提供给人类的可用水资源量是有限的，从而导致水资源在时间、目标及地域上存在差异和竞争，这种差异和竞争又会导致不同的经济、社会和环境效益，因此水资源优化配置变得更加复杂，涉及的因素比较多。

水资源优化配置的基本任务是在研究现状各部门用水结构及水的利用效率的基础上，对未来各部门的供需水进行预测和分析，并考虑生态环境保护、规划水利工程的规模及建设次序、改善供水技术与供水效益等措施，通过科学合理的技术确定优化配置方案，从而解决在发展经济和保护环境的同时因各部门、各地区用水所产生的各种矛盾。

水资源合理配置的目标是保证社会经济与生态环境协调、健康和可持续发展，保障有效供给，维护和改善生态环境，使有限的水资源产生的社会、经济和生态环境效益最大，实现水资源的开发利用与生态环境、社会经济发展之间协调发展，从而促进社会经济的健康发展。

6.2 区域水资源优化配置模型建立

6.2.1 子区划分、水源及用水部门组成

结合研究区域的地形地貌、行政区划和水资源状况，通常把区域划分为若干子区。子区划分应遵循以下原则[124]：

（1）尽量按照流域或地形、地貌条件划分，以便对可供水量进行统计计算。

（2）尽可能要与行政区划一致，以便收集整理资料，从而增加实施的可行性。

（3）分区要尽量和水资源调查评价中的分区相协调，以便可以采用水资源评价的相关成果。

区域内的供水水源大概分为两类：独立水源和公共水源。独立水源是指只能给水源所在地的子区供水的水源，也称为当地水源，一般包括子区内的蓄、引、提水工程和地下水等。公共水源是指同时能向两个或两个以上子区的用水部门供水的水源，一般包括大型蓄水工程、引水工程和跨流域（区域）调水工程等。

设研究区划分为K个子区，$k=1,2,\cdots,K$；k子区有$I(k)$个独立水源和$J(k)$个用户；研究区域有M个公共水源，$c=1,2,\cdots,M$。公共水源c分配到k子区的水量用D_c^k表示，其水量同其他独立水源一样，均需要在各个用水户之间分配。因此，对k子区而言是$I(k)+M$个水源和$J(k)$个用户的水资源优化配置问题。

6.2.2 目标函数

基于可持续发展的水资源优化配置模型，追求经济、社会和环境综合效益最大，把经济、社会和环境综合效益最大作为目标函数。一般形式如下：

$$\begin{cases} Z = \max\left[F(X)\right] \\ G(X) \leqslant 0 \\ X \geqslant 0 \end{cases}$$

其中，X 为决策变量，$F(X)$ 为综合效益函数，包括经济效益、社会效益和环境效益，$G(X)$ 为约束条件集。

在水资源系统中有多种影响因素，各个因素之间相互影响、相互制约，对各个目标又有不同的影响程度，因此水资源优化配置问题是多目标问题。对于区域水资源优化配置一般有 3 个目标，分别为社会目标、经济目标和环境目标，这 3 个目标是相互协调的，这里给出了具体目标函数表达式。

（1）社会目标。由于社会效益不易度量，而区域缺水程度或缺水量的大小影响到社会的安定与发展，也是社会效益的一个侧面反映，因此这里以区域供水系统总缺水量最小为社会目标的间接度量，目标函数如下：

$$\max f_1(x) = -\min\left\{\sum_{k=1}^{K}\sum_{j=1}^{J(k)}\left[D_j^k - \left(\sum_{i=1}^{I(k)} x_{ij}^k + \sum_{c=1}^{M} x_{cj}^k\right)\right]\right\}$$

其中，D_j^k 为 k 子区 j 用户的需水量（万 m^3），x_{ij}^k 和 x_{cj}^k 为决策变量，分别为独立水源 i 和公共水源 c 向 k 子区 j 用户的供水量（万 m^3）。

（2）经济目标。经济目标取区域供水所带来的直接经济效益最大为目标，目标函数如下：

$$\max f_2(x) = \max\left\{\sum_{k=1}^{K}\sum_{j=1}^{J(k)}\sum_{i=1}^{I(k)}(b_{ij}^k - c_{ij}^k)x_{ij}^k\alpha_i^k\beta_j^k\omega_k + \sum_{k=1}^{K}\sum_{j=1}^{J(k)}\sum_{c=1}^{M}(b_{cj}^k - c_{cj}^k)x_{cj}^k\alpha_c^k\beta_j^k\omega_k\right\}$$

其中，b_{ij}^k 和 b_{cj}^k 为独立水源 i 和公共水源 c 向 k 子区 j 用户的供水效益系数（元/m^3），c_{ij}^k 和 c_{cj}^k 为独立水源 i 和公共水源 c 向 k 子区 j 用户的供水费用系数

（元/m^3），α_i^k 和 α_c^k 为 k 子区独立水源 i 和公共水源 c 的供水次序系数，β_j^k 为 k 子区 j 用户的用水公平系数，ω_k 为 k 子区权重系数。

（3）环境目标。生态环境目标是保证生态环境需水并使区域重要污染物排放量最小，这里选用重要污染物的最小排放量来表示，目标函数如下：

$$\max f_3(x) = -\min\left\{\sum_{k=1}^{K}\sum_{j=1}^{J(k)} 0.01 d_j^k p_j^k \left(\sum_{i=1}^{I(k)} x_{ij}^k + \sum_{c=1}^{M} x_{cj}^k\right)\right\}$$

其中，d_j^k 为表示 k 子区 j 用户单位废污水排放量中的重要污染因子的浓度（mg/L），一般用化学需氧量（COD）或生化需氧量（BOD）等指标来表示，p_j^k 表示 k 子区 j 用户的废污水排放系数。

6.2.3 约束条件

（1）区域供水系统的供水能力约束。

公共水源的供水能力约束：

$$\begin{cases} \sum_{j=1}^{J(k)} x_{cj}^k \leqslant W(c,k) \\ \sum_{k=1}^{K} W(c,k) \leqslant W_c \end{cases}$$

独立水源的供水能力约束：

$$\sum_{j=1}^{J(k)} x_{ij}^k \leqslant W_i^k$$

其中，W_c 和 W_i^k 为公共水源 c 和 k 子区独立水源 i 的可供水量（万 m^3），$W(c,k)$ 为公共水源 c 分配给 k 子区的水量（万 m^3）。

（2）输水能力约束。

独立水源的输水能力约束：

$$x_{ij}^k \leqslant Q_i^k$$

其中，P_{ij}^k 为向 j 用户的最大输水能力（万 m^3）。

公共水源的输水能力约束：

$$x_{cj}^{k} \leqslant Q_{c}$$

其中，Q_i^k和Q_c为k子区独立水源i和公共水源c的最大输水能力（万 m^3）。

（3）用水系统的需水能力约束：

$$L_{j}^{k} \leqslant \sum_{i=1}^{I(k)} x_{ij}^{k} + \sum_{c=1}^{M} x_{cj}^{k} \leqslant H_{j}^{k}$$

其中，L_j^k和H_j^k分别为k子区j用户需水量的下限和上限（万 m^3）。

（4）排水系统的水质约束。

达标排放约束：

$$c_{kj}^{r} \leqslant c_{0}^{r}$$

总量控制约束：

$$\sum_{k=1}^{K} \sum_{j=1}^{J(k)} 0.01 d_{j}^{k} p_{j}^{k} \left(\sum_{i=1}^{I(k)} x_{ij}^{k} + \sum_{c=1}^{M} x_{cj}^{k} \right) \leqslant W_{0}$$

其中，c_{kj}^r为k子区j用户排放污染物r浓度，c_0^r为污染物r达标排放规定的浓度，W_0为允许的污染物排放总量。

（5）区域协调发展约束。

任何一个区域经济、社会、资源、环境之间应该是相互协调的，区域的社会经济发展的规模和速度应该与水资源和环境的承载力相适应，而不能超过水资源和环境所允许的限度。模型中采用“区域协调发展指数”来进行水资源与区域经济、水环境质量改善和经济发展之间的协调程度的度量。

$$\mu = \sqrt{\mu_{B_1}(\sigma_1) \mu_{B_2}(\sigma_2)} \geqslant \mu^{*}$$

其中，μ和μ^*分别表示区域协调发展指数及其最低值，$\mu_{B_1}(\sigma_1)$和$\mu_{B_2}(\sigma_2)$分别表示区域经济发展与区域水资源利用的协调度和区域经济发展与水环境质量改善的协调度。

（6）变量非负约束：

$$x_{ij}^{k}, x_{cj}^{k} \geqslant 0$$

6.2.4 总体模型

水资源优化配置模型由目标函数和约束条件构成，它是一个复杂的多目标优化模型，表达式如下：

$$
\text{obj. } F(x) = opt\{f_1(x), f_2(x), f_3(x)\}
$$

$$
= \begin{Bmatrix}
-\min\left\{\sum_{k=1}^{K}\sum_{j=1}^{J(k)}\left[D_j^k - \left(\sum_{i=1}^{I(k)} x_{ij}^k + \sum_{c=1}^{M} x_{cj}^k\right)\right]\right\} \\
\max\left\{\sum_{k=1}^{K}\sum_{j=1}^{J(k)}\sum_{i=1}^{I(k)}(b_{ij}^k - c_{ij}^k)x_{ij}^k \alpha_i^k \beta_j^k \omega_k + \sum_{k=1}^{K}\sum_{j=1}^{J(k)}\sum_{i=1}^{I(k)}(b_{cj}^k - c_{cj}^k)x_{cj}^k \alpha_c^k \beta_j^k \omega_k\right\} \\
-\min\left\{\sum_{k=1}^{K}\sum_{j=1}^{J(k)} 0.01 d_j^k p_j^k (\sum_{i=1}^{I(k)} x_{ij}^k + \sum_{c=1}^{M} x_{cj}^k)\right\}
\end{Bmatrix}
$$

$$
\text{s.t.} \begin{cases}
\sum_{j=1}^{J(k)} x_{cj}^k \leqslant W(c,k) \\
\sum_{k=1}^{K} W(c,k) \leqslant W_c \\
\sum_{j=1}^{J(k)} x_{ij}^k \leqslant W_i^k \\
x_{ij}^k \leqslant Q_i^k \\
x_{cj}^k \leqslant Q_c \\
L_j^k \leqslant \sum_{i=1}^{I(k)} x_{ij}^k + \sum_{c=1}^{M} x_{cj}^k \leqslant H_j^k \\
c_{kj}^r \leqslant c_0^r \\
\sum_{k=1}^{K}\sum_{j=1}^{J(k)} 0.01 d_j^k p_j^k \left(\sum_{i=1}^{I(k)} x_{ij}^k + \sum_{c=1}^{M} x_{cj}^k\right) \leqslant W_0 \\
\mu = \sqrt{\mu_{B_1}(\sigma_1)\mu_{B_2}(\sigma_2)} \geqslant \mu^* \\
x_{ij}^k, x_{cj}^k \geqslant 0
\end{cases}
$$

6.3 区域水资源优化配置模型求解

6.3.1 模型特点

水资源优化配置模型是一个大系统，决策变量多，涉及多个研究目标、多水源和多用户，从而模型规模比较大，导致求解相对复杂，通常涉及经济目标、社会目标和环境目标，这 3 个目标之间具有相互竞争的特点，还具有非线性的特点。

6.3.2 水资源配置优化算法

从数学的角度看，水资源优化配置问题实质上就是求解满足一定约束条件下的多目标优化问题。所以，优化算法对于求解水资源优化配置问题是至关重要的，没有快速有效的优化算法就不可能得到水资源优化配置的合理结果。解决优化问题的难度在于模型本身的非线性特征和模型参数的空间维数。通常参数越多、非线性越强，优化时间会越多，精度也越低。经验表明，优化问题求解困难主要表现在以下 5 个方面[125]：

（1）目标函数在 n 维参数空间上不连续。

（2）参数及相互间存在高度相关性或高灵敏性以及显著非线性干扰。

（3）全局搜索可能收敛到多个不同的吸引域。

（4）每一个吸引域可能包含一个或多个局部最优解。

（5）在最优解附近，目标函数往往不具有凸性。

由于水资源优化配置模型的复杂性，传统的优化方法已不能解决该类优化问题。随着 20 世纪 80 年代模拟退火[126-129]、遗传算法[130-133]和人工神经网络算法[134-136]的兴起，很多学者对这些算法进行了深入研究，并将这些算法统称为智能优化算法[137]，这对传统优化方法没法解决的问题求解开辟了新途径。

1. 传统优化算法

随着多目标优化问题的发展，一些传统的优化方法应运而生。例如，Hooke 和 Jeeves 提出了模式搜索法[138]，Rosenbrock 提出了 Rosenbrock 法[139]，Powell 发明的直接方法和 Daviden 发明的变尺度法[140]，Spendley、Hext 和 Himsworth 于 1962 年提出并由 Nelder 和 Mead 做了改进的单纯形法[141]，Marquardt 研究了关于平方和形式的目标函数的优化算法[142]。优化问题求解是在优化问题可行解空间进行搜索，根据搜索的方式和策略，可将传统优化算法分为以下 4 类[125]：

（1）枚举法。枚举法是首先对整个可行解空间的所有点的性能进行比较，然后从中找出最优解。该方法从搜索策略来看最简单，但是计算量会非常大，主要缺点是效率不高，存在“维数灾”问题。

（2）导数法。导数法从一个初始点出发，利用目标函数的各阶导数进行优化计算，然后根据目标函数的梯度方向来确定下一步所要搜索的方向，从而寻找最优点。目标函数若为复杂的非线性多峰函数则很难找到全局最优点。

（3）直接法。直接法是从一个初始点出发，通过反射、延伸等手段比较目标函数的大小来确定下一步的方向，从而找出最优解。

（4）随机法。随机法通过随机变量的大量抽样来得到目标函数的变化特性，使得算法在搜索过程中以较大的概率跳出局部最优。

2. 智能优化算法

传统优化算法研究的问题相对简单，一般针对连续或可导的目标函数。而实际的优化问题往往具有多峰值、高维、非线性等复杂特性，为了求解这类问题，智能优化算法相继出现。智能优化算法有禁忌搜索法、模拟退火法、遗传算法、人工神经网络算法、粒子群算法和免疫进化算法等。

（1）禁忌搜索法。Glover 在 1986 年首次提出禁忌搜索法的概念，进而形成一套完整算法[143]。该算法的特点是使用了禁忌技术，也就是禁止重复前面的工作。禁忌搜索法用一个表记录已经到达过的局部最优点，在后面的搜索中，利用表中的记录信息不再搜索这些点从而跳出局部最优。

（2）模拟退火法。Metropolis 等于 1953 年提出模拟退火法的思想，1983 年 Cerny 和 KirkpatDcK 等[127]分别将其应用于优化问题和 VLSI 设计。该算法是通过模拟金属物质退火过程来寻找全局最优解。

（3）遗传算法。遗传算法（GA）是一种随机优化技术，通过产生准随机数代替候选解以完成解空间的搜索，随着种群的不断换代，前代候选解的概率分布相应地被后代更新，优胜劣汰，如此反复进化迭代，这样使得优秀个体不断向最优点逼近，个体的适应能力逐步提高，从而得到问题的最优解。

（4）人工神经网络算法。人工神经网络（Artificial Neural Networks，ANN）是通过数学方法模拟人脑的某些基本特征，是一种非线性的信息处理系统。模仿人脑的结构和功能，通过不断的网络学习，网络必须遵守规则也就是算法，不断调整网络各层的权重，从而使网络的输入和输出逼近样本模式。学习的本质是网络的输入和输出信息，在这一过程中识别信息的内在规律。

（5）粒子群算法。粒子群算法是 Eberhart 博士和 kennedy 博士在 1995 年提出的一种模拟鸟群觅食过程的方法，假设每个优化问题的解就是搜索空间中的鸟，称为“粒子”，最后所得到的最优解就是“食物”。研究者发现鸟群在飞行过程中整体总能保持一致性，个体与个体之间也保持着最适宜的距离，经常会突然改变方向、散开、聚集，其行为通常不可预测。该方法从随机解出发，通过追随当前搜索到的最优值来寻找全局最优解，再由适应度来评价解的品质。

（6）免疫进化算法。倪长健受生物免疫机制启发，基于现有进化算法理论，提出免疫进化算法[144]，该算法继承了进化算法的优点，参数设置简单，便于操作。

6.3.3 智能优化算法的比较

遗传算法的收敛速度和跳出局部最优点的能力较强，是对参数的编码而不是参数本身操作，算法的寻优规则由概率决定，对问题的依赖性较小；缺点是对函数的物理意义和搜索过程不直观，而且要先进行编码；适用于传统方法难以解决的复杂问题，尤其是优化问题。

粒子群算法收敛速度快，算法便于理解，粒子运动思路与人类决策比较相似，操作简单；缺点是加权因子的设定和最大速度的选取比较困难，算法早期存在精度低、易发散等特点；适用于连续函数求极值及优化问题等。

模拟退火算法具有初值鲁棒性强、质量高、通用易实现等优点；缺点是该算法往往要求有较高的初温和较低的初温，从而需要有较慢的降温速度以及不同温度下多次的抽样，所以模拟退火算法优化过程比较长。

禁忌搜索算法在搜索过程中可以接受劣解，能跳出局部最优解从而获得更好的全局最优解；缺点是所得结果精度较低。

人工神经网络是模拟大脑分析过程的数学模型，是一个非线性动力学系统，特色是信息的分布式存储和并行协同处理。反向传播算法BP（Back-Propagation）是较普遍的人工神经网络算法，基于梯度下降的BP算法依赖于初始权值的选择，容易陷入局部最优而且收敛速度缓慢。

鉴于以上优化算法的特点，这里选取粒子群算法对多目标模型求解，在基本粒子群算法的基础上进行了改进。

6.4 小结

本章介绍了水资源优化配置的基本概念、原则、手段、属性及任务，区域水资源优化配置模型的建立以及水资源优化配置模型的求解方法。

第 7 章　基于改进粒子群算法的宁夏引黄灌区水资源优化配置

本章首先建立宁夏引黄灌区水资源优化配置模型，然后用改进的粒子群算法对该优化模型求解，从而得到引黄灌区不同规划水平年（2015 年、2025 年）在不同降水频率（50%、75%、90%）下的水资源优化配置结果，并对配置方案进行分析。

7.1　宁夏引黄灌区水资源优化配置模型建立

7.1.1　子区划分、水源及用水部门组成

根据第 6 章中子区划分所遵循的原则，考虑到收集资料数据的方便，同时结合宁夏引黄灌区水资源综合规划，将引黄灌区按行政区划分为 11 个子区，即模型中的 $k=11$，分别为银川市、永宁县、贺兰县、灵武区、大武口区、惠农区、平罗县、利通区、青铜峡市、沙坡头区、中宁县，依次编号为 1～11。

根据引黄灌区水资源状况，将引黄灌区的供水水源分为地表水和地下水两种，分别记为 s_1 和 s_2，其中地表水包括引黄水。用户分为农业用水、工业用水、生活用水和生态用水，分别记为 u_1、u_2、u_3、u_4。

水资源优化配置同时受供水水源和需水的影响，两者是相互制约相互联系的，

当需水用户有一定的需水要求时，供水水源也要有一定的供水能力，即两者能够彼此满足时此水源才向此用户供水，从而建立起供求关系。为简便起见，定义k子区供水水源与需水用户间的供需关系矩阵$R^k=(r_{ij}^k)_{2\times4}$，$k=1,2,3,4,5,6,7,8,9,10,11$。$r_{ij}^k$为$k$子区供水水源$i$与$j$用户之间的供求关系系数，$i=1,2$，$j=1,2,3,4$。当$k$子区的水源$i$和用户$j$存在供求关系时，$r_{ij}^k=1$，否则$r_{ij}^k=0$。

取决策变量为k子区的i水源供给j用户的水量，记为$X^k=(x_{ij}^k)_{2\times4}$，$k=1,2,3,4,5,6,7,8,9,10,11$。供求关系系数$r_{ij}^k$与决策变量$x_{ij}^k$存在相互对应关系，如果$r_{ij}^k=0$，说明$k$子区水源$i$不给用户$j$供水，则必然有$x_{ij}^k=0$，而当$r_{ij}^k=1$时，$k$子区水源$i$给用户$j$供水，必有$x_{ij}^k\geqslant0$。

7.1.2 目标函数与约束条件

以保护生态系统及实现区域经济和社会可持续发展为总体目标，结合宁夏引黄灌区水资源开发利用中存在的问题，确定宁夏引黄灌区水资源优化配置的3个目标，即社会目标、经济目标和生态环境目标，具体为：以区域供水系统总缺水量最小为社会目标；经济目标取区域供水所带来的直接经济效益最大为目标；生态环境目标取区域重要污染物排放量最小为目标。引黄灌区水资源优化配置模型的约束条件如第6章中所述，包括水源可供水量约束、需水约束、水质约束、区域协调发展约束和非负约束等。

7.1.3 总体模型

宁夏引黄灌区水资源优化配置模型中，子区有11个，供水水源有2个，用户有4个，即共有$11\times2\times4=88$个决策变量，有3个目标函数：$f_1(x)$表示社会目标，$f_2(x)$表示经济目标，$f_3(x)$表示生态环境目标，记$F(X)=\max\{f_1(x),f_2(x),f_3(x)\}$，总体模型如下：

$$\text{obj.}\ F(x)=\text{opt}\left\{f_1(x),f_2(x),f_3(x)\right\}=\left\{\begin{array}{l}-\min\left\{\sum_{k=1}^{11}\sum_{j=1}^{4}\left[D_j^k-\sum_{i=1}^{2}x_{ij}^k\right]\right\}\\ \max\left\{\sum_{k=1}^{11}\sum_{j=1}^{4}\sum_{i=1}^{2}(b_{ij}^k-c_{ij}^k)x_{ij}^k\alpha_i^k\beta_j^k\omega_k\right\}\\ -\min\left\{\sum_{k=1}^{11}\sum_{j=1}^{4}0.01d_j^kp_j^k\sum_{i=1}^{2}x_{ij}^k\right\}\end{array}\right.$$

$$\text{s.t.}\left\{\begin{array}{l}\sum_{j=1}^{4}x_{ij}^k\leqslant W_i^k\\ L_j^k\leqslant\sum_{i=1}^{2}x_{ij}^k\leqslant H_j^k\\ \sum_{k=1}^{11}\sum_{j=1}^{4}0.01d_j^kp_j^k\sum_{i=1}^{2}x_{ij}^k\leqslant W_0\\ \mu=\sqrt{\mu_{B_1}(\sigma_1)\mu_{B_2}(\sigma_2)}\geqslant\mu^*\\ x_{ij}^k\geqslant 0\end{array}\right.$$

7.1.4 模型参数确定

1. 目标权重系数（λ_p）和子区权重系数（ω_k）

用二元比较模糊决策分析方法确定目标权重，设决策系统有待进行重要性比较的目标集为：

$$P=\left\{p_1,p_2,\cdots,p_m\right\}$$

其中，p_i 为系统目标集中的目标 i，$i=1,2,\cdots,m$，m 为目标总数。研究目标集 P 中的元素就“重要性”进行二元比较的定性排序。

将目标集中的元素 p_k 与 p_l 作二元比较，若：① p_k 比 p_l 重要，则排序标度 $e_{kl}=1$，$e_{lk}=0$；② p_k 与 p_l 同样重要，则 $e_{kl}=0.5$，$e_{lk}=0.5$；③ p_l 比 p_k 重要，则 $e_{kl}=0$，$e_{lk}=1$，$k=1,2,\cdots,m$，$l=1,2,\cdots,m$。由此可得目标集重要性二元比较定性排序标度矩阵：

$$E=\begin{pmatrix} e_{11} & e_{12} & \cdots & e_{1m} \\ e_{21} & e_{22} & \cdots & e_{2m} \\ \vdots & \vdots & & \vdots \\ e_{m1} & e_{m2} & \cdots & e_{mm} \end{pmatrix}=(e_{kl}) \quad 且满足\begin{cases} e_{kl}\ 仅在\ 0、0.5、1\ 中取值 \\ e_{kl}+e_{lk}=1 \\ e_{kk}=e_{ll}=0.5 \quad k,l=1,2,\cdots,m \end{cases}$$

然后将排序标度矩阵 E 的各行相加，将其和数从大到小进行排列，在满足排序一致性的条件下可得系统目标集关于重要性的排序。E 中两个目标对应行的和数相等，则排序也一样。由此可得有序二元比较矩阵：

$$\beta=\begin{pmatrix} \beta_{11} & \beta_{12} & \cdots & \beta_{1m} \\ \beta_{21} & \beta_{22} & \cdots & \beta_{2m} \\ \vdots & \vdots & & \vdots \\ \beta_{m1} & \beta_{m2} & \cdots & \beta_{mm} \end{pmatrix}=(\beta_{st}) \quad 且满足\begin{cases} 0\leqslant\beta_{st}\leqslant 1 \\ \beta_{st}+\beta_{ts}=1 \\ \beta_{st}=0.5 \qquad s=t \end{cases}$$

其中，β_{st} 为目标 s 对于 t 关于重要性作二元比较时目标 s 对于 t 的重要性模糊标度，β_{ts} 为目标 t 对于 s 的模糊标度，s 和 t 为排序下标，序号按矩阵 E 各行和数由大到小的次序排列。模糊标度值见表 7-1。

表 7-1　模糊概念语气算子与模糊标度值之间的对应关系

语气算子	同样	稍稍	略为	较为	明显	显著	十分	非常	极其	极端	无可比拟
模糊标度值	0.5	0.55	0.6	0.65	0.7	0.75	0.8	0.85	0.9	0.95	1.0

方阵 β 每行模糊标度值 β_{st} 的总和（不含自身比较 0.5 模糊标度值）表示目标集 P 的相对重要性量化特征值向量：

$$w'=(w_1',w_2',\cdots,w_m')=\left(\sum_{t=1}^{m}\beta_{1t},\sum_{t=1}^{m}\beta_{2t},\cdots,\sum_{t=1}^{m}\beta_{mt}\right)$$

归一化得目标集 P 的权向量：

$$w=(w_1,w_2,\cdots,w_m)=\left(\frac{\sum_{t=1}^{m}\beta_{1t}}{\sum_{s=1}^{m}\sum_{t=1}^{m}\beta_{st}},\frac{\sum_{t=1}^{m}\beta_{2t}}{\sum_{s=1}^{m}\sum_{t=1}^{m}\beta_{st}},\cdots,\frac{\sum_{t=1}^{m}\beta_{mt}}{s=\sum_{s=1}^{m}\sum_{t=1}^{m}\beta_{st}}\right)$$

其中，$\sum_{s=1}^{m}\sum_{t=1}^{m}\beta_{st}$ 为不含对角线元素 0.5（自身比较）的 $m\times m$ 阶方阵 β 元素值

之和。总共做了 $m(m-1)/2$ 次重要性二元比较，每次比较时，由于对角线元素两侧的对称元素的和为 1，因此

$$\sum_{s=1}^{m}\sum_{t=1}^{m}\beta_{st}=m(m-1)/2 \qquad s\neq t$$

则得目标 i 的权重公式为：

$$w_i=\frac{2\sum_{t=1}^{m}\beta_{it}}{m(m-1)} \qquad i=1,2,\cdots,m \qquad i\neq t$$

由以上方法确定经济目标、社会目标和生态环境目标的权重，目标集：

$$P=\{p_1,p_2,p_3\}$$

p_1、p_2、p_3 分别表示经济目标、社会目标和生态环境目标，作二元比较得标度矩阵：

$$E=\begin{pmatrix}0.5 & 1 & 1\\ 0 & 0.5 & 1\\ 0 & 0 & 0.5\end{pmatrix}$$

及二元比较矩阵：

$$\beta=\begin{pmatrix}0.5 & 0.65 & 0.7\\ 0.35 & 0.5 & 0.6\\ 0.3 & 0.4 & 0.5\end{pmatrix}$$

由此可得目标集 P 的相对重要性量化特征值向量：

$$w'=(w_1',w_2',w_3')=(1.35,0.95,0.7)$$

归一化得目标集 P 的权向量：

$$w=(w_1,w_2,w_3)=(0.45,0.32,0.23)$$

即经济目标、社会目标和生态环境目标的权重分别为 0.45、0.32、0.23。

同样的方法可以确定子区权重，k 子区（银川市、永宁县、贺兰县、灵武区、大武口区、惠农区、平罗县、利通区、青铜峡市、沙坡头区、中宁县）权重系数 ω_k 分别为 0.16、0.09、0.08、0.08、0.1、0.08、0.07、0.1、0.07、0.09、0.07。

2. 水源供水次序系数（α_i^k）和用水公平系数（β_j^k）

水源供水次序系数α_i^k是指k子区i水源相对于其他水源供水的优先程度。宁夏引黄灌区供水水源分为地表水和地下水，将供水次序确定为：地表水、地下水。确定供水次序系数时，将各个水源的优先程度转化为[0,1]区间上的系数，具体计算公式如下：

$$\alpha_i^k = \frac{1 + n_{\max}^k - n_i^k}{\sum_{j=1}^{I(k)} [1 + n_{\max}^k - n_j^k]}$$

其中，n_i^k表示k子区i水源供水次序序号，$n_{\max}^k$表示k子区水源供水次序序号的最大值。

根据上式可确定引黄灌区水源供水次序系数分别为：地表水0.67，地下水0.33。

用水公平系数β_j^k是指k子区j用户相对于其他用水部门优先得到供水的程度，β_j^k的确定方法与α_i^k相似。在对宁夏引黄灌区水资源优化分配时，根据用户的特性，遵循先保证生活用水，然后考虑生产用水的原则，从而确定引黄灌区各用户的供水先后次序为：生活用水、生态用水、工业用水、农业用水。参照上式计算，最终得到引黄灌区各用户的用水公平系数分别为：0.4、0.3、0.2、0.1。

3. 效益系数（b_{ij}^k）和费用系数（c_{ij}^k）

农业用水效益系数按灌溉后农业增产效益乘以水利分摊系数来确定。工业用水效益系数取万元产值取水量的倒数。生活用水和生态环境用水效益系数一般难以量化，为保证其优先得到供给，效益系数赋予较大值。

不同水源给不同用户供水的费用系数不同，可参考水费征收标准来确定。

4. 水源供水上限

可供水量是指在考虑用户需水要求的基础上，在不同规划水平年的不同保证率条件下，通过工程设施提供给用户可以使用的水量。水源供给不同用户的最大水量，不得超过水源的可供水量W_i^k，同时不得超过用户所需水量D_j^k，即：

$$W_{ij\max}^{k}=\min\left\{W_{i}^{k},D_{j}^{k}\right\}$$

其中，$W_{ij\max}^{k}$ 表示 k 子区 i 水源供给 j 用户的最大水量（万 m^3），W_{i}^{k} 表示 k 子区 i 水源的可供水量（万 m^3），D_{j}^{k} 表示 k 子区 j 用户在 t 水平年的需水量（万 m^3）。

5. 需水量上下限

在第 5 章中，在不同水平年的不同保证率下对农业、工业、生活和生态环境 4 个部门的需水量进行了预测。

（1）农业需水量上下限。农业需水的上限和下限与农业灌溉面积和综合灌溉定额有关，具体计算方法如下：

$$\begin{cases}H_{1}^{k}=S_{yx}^{k}\times g^{k}\\L_{1}^{k}=S_{bz}^{k}\times g^{k}\end{cases}\qquad (k=1,2,\cdots,11)$$

其中，H_{1}^{k} 和 L_{1}^{k} 分别表示在 t 水平年 k 子区农业需水量的上限和下限，S_{yx}^{k} 和 S_{bz}^{k} 分别表示在 t 水平年 k 子区农业的有效灌溉面积和保证灌溉面积，g^{k} 表示在 t 水平年 k 子区农业综合灌溉定额。

（2）工业需水量上下限。根据工业用水的特性，工业需水量的上限和下限取值方法如下：

$$\begin{cases}H_{2}^{k}=D_{2}^{k}\\L_{2}^{k}=\eta D_{2}^{k}\end{cases}\qquad (k=1,2,\cdots,11)$$

其中，H_{2}^{k} 和 L_{2}^{k} 分别表示在 t 水平年 k 子区工业需水量的上限和下限，D_{2}^{k} 表示在 t 水平年 k 子区工业需水总量，$\eta<1$，视子区工业的具体情况而定，这里取 0.8。

（3）生活需水量上下限。根据用水所遵循的优先原则，生活需水的上下限均取为生活需水量，即：

$$H_{3}^{k}=L_{3}^{k}=D_{3}^{k}\qquad (k=1,2,\cdots,11)$$

其中，H_{3}^{k} 和 L_{3}^{k} 分别表示在 t 水平年 k 子区生活需水量的上限和下限，D_{3}^{k} 表示在 t 水平年 k 子区生活需水总量。

（4）生态环境需水量上下限。如果完全考虑生态环境的可持续发展，生态环境需水量的上下限应取其需水量，即取等值，但考虑到现实社会的实际状况，生态环境用水也应参与优化。可以赋值使生态环境需水量的上下限较为接近，具体计算方法如下：

$$\begin{cases} H_4^k = D_4^k \\ L_4^k = \eta D_4^k \end{cases} \quad (k = 1, 2, \cdots, 11)$$

其中，H_4^k 和 L_4^k 分别表示在 t 水平年 k 子区生态环境需水量的上限和下限，D_4^k 表示在 t 水平年 k 子区工业需水总量，$\eta < 1$，视子区的具体情况而定，一般建议取值不小于 0.9。这里对于规划水平年，在 50%保证率下上下限取等值，在 75%保证率下取 0.97，在 90%保证率下取 0.95。2025 年农业、工业、生活、生态需水量的上下限见表 7-2。

表 7-2 引黄灌区各分区 2025 年各用水部门需水量上下限 单位：万 m^3

地区	农业						工业		生活		生态					
	P=50%		P=75%		P=90%						P=50%		P=75%		P=90%	
	上限 H_1^k	下限 L_1^k	上限 H_1^k	下限 L_1^k	上限 H_1^k	下限 L_1^k	上限 H_2^k	下限 L_2^k	上限 H_3^k	下限 L_3^k	上限 H_4^k	下限 L_4^k	上限 H_4^k	下限 L_4^k	上限 H_4^k	下限 L_4^k
银川市	54343	48622	57620	51555	59680	53398	14956	11965	10383	10383	2287	2287	2287	2218	2287	2172
永宁县	44244	39587	46477	41584	47941	42894	1885	1508	1200	1200	1847	1847	1847	1791	1847	1754
贺兰县	59402	53149	63380	56708	64814	57992	1823	1458	1109	1109	4046	4046	4046	3924	4046	3843
灵武市	31828	28478	33180	29687	34300	30690	7695	6156	1430	1430	528	528	528	512	528	501
大武口区	4912	4395	5300	4742	5527	4945	5295	4236	1090	1090	2726	2726	2726	2645	2726	2590
惠农区	20441	18290	21505	19241	22290	19944	12756	10205	1164	1164	704	704	704	682	704	668
平罗县	69119	61843	72465	64837	74652	66794	3460	2768	1373	1373	5453	5453	5453	5289	5453	5180
利通区	29214	26139	30903	27650	32112	28732	3831	3065	2513	2513	1319	1319	1319	1280	1319	1253
青铜峡市	44238	39581	46633	41724	48258	43178	7531	6025	1805	1805	1583	1583	1583	1536	1583	1504
沙坡头区	33589	30053	35875	32099	36598	32745	3701	2961	1588	1588	1407	1407	1407	1365	1407	1337
中宁县	37049	33149	39619	35449	40600	36326	3447	2758	1556	1556	1407	1407	1407	1365	1407	1337

6. 区域协调发展指数

区域协调发展指数用于度量经济、社会、环境、资源的协调发展程度。区域协调发展包括区域经济发展与水环境质量改善的协调，以及区域经济发展与水资源利用的协调。协调程度是模糊的概念，这里采用模糊数学中的隶属函数表示。

区域水资源利用与经济发展间的比值 σ_1^k 可用区域内供水总量与需水总量的比值表示，σ_1 为各子区比值的加权和。

子区：$\sigma_1^k = \sum_{j=1}^{5}\sum_{i=1}^{2} x_{ij}^k / \sum_{j=1}^{5} D_j^k$

全区：$\sigma_1 = \sum_{k=1}^{11} \omega_k \sigma_1^k$

取隶属函数：$\mu_{B_1}(\sigma_1) = \begin{cases} 1.0 & \sigma_1 \geqslant \sigma_1^* \\ \exp(-4(\sigma_1 - \sigma_1^*)^2) & \sigma_1 < \sigma_1^* \end{cases}$

其中，σ_1^k 和 σ_1 分别表示 k 子区及区域的水资源利用与经济发展间的比值，σ_1^* 表示水资源利用与经济发展的最佳比，视具体情况而定，这里取 1.0，B_1 表示区域水资源利用与区域经济发展相协调的模糊子集，隶属函数 $\mu_{B_1}(\sigma_1)$ 表示水资源利用与经济发展之间的“协调度”。

同样以 B_2 作为区域经济发展与水环境质量改善相协调的模糊子集，$\mu_{B_2}(\sigma_2)$ 为经济发展与水环境质量改善之间的“协调度”，σ_2 表示经济发展与水环境质量改善程度的比值。

子区：$\sigma_2^k = \dfrac{E^k / E_0^k}{f^k / f_0^k}$

全区：$\sigma_2 = \sum_{k=1}^{11} \omega_k \sigma_2^k$

取隶属函数：$\mu_{B_2}(\sigma_2) = \exp(-4(\sigma_2 - \sigma_2^*)^2)$

其中，σ_2^* 表示经济发展与水环境质量改善程度的最佳比，视具体情况而定，这里取 1.0，E_0^k 和 E^k 分别表示 k 子区基准年与规划水平年的人均 GDP，f_0^k 和 f^k 分别表示 k 子区基准年与规划水平年重要污染物（COD）的排放量。

将水资源利用与经济发展以及经济发展与水环境质量改善这两个协调度综合到一起就构成了“区域协调发展指数” μ ：

$$\mu = \mu_{B_1}(\sigma_1)^{r_1} \cdot \mu_{B_2}(\sigma_2)^{r_2}$$

其中， r_1 是 $\mu_{B_1}(\sigma_1)$ 的指数权重， r_2 是 $\mu_{B_2}(\sigma_2)$ 的指数权重。这里取 $r_1 = r_2 = 0.5$ ，即：

$$\mu = \sqrt{\mu_{B_1}(\sigma_1)\mu_{B_2}(\sigma_2)}$$

按照协调发展指数的含义，其隶属函数 $\mu_{B_1}(\sigma_1)$ 、 $\mu_{B_2}(\sigma_2)$ 如下：

$$\mu_{B_1}(\sigma_1) = \begin{cases} 1.0 & \sigma_1 \geqslant \sigma_1^* \\ \exp(-4(\sigma_1 - \sigma_1^*)^2) & \sigma_1 < \sigma_1^* \end{cases}$$

$$\mu_{B_2}(\sigma_2) = \exp(-4(\sigma_2 - \sigma_2^*)^2)$$

$$\mu = \sqrt{\mu_{B_1}(\sigma_1)\mu_{B_2}(\sigma_2)} \geqslant \mu^*$$

其中， μ 和 μ^* 分别表示区域协调发展指数及其最低值， $\mu_{B_1}(\sigma_1)$ 和 $\mu_{B_2}(\sigma_2)$ 分别表示区域水资源利用与区域经济发展的协调度和区域经济发展与环境质量之间改善的协调度。宁夏引黄灌区的最佳协调发展系数 μ^* 取 0.8，协调发展约束为：

$$\mu = \sqrt{\mu_{B_1}(\sigma_1)\mu_{B_2}(\sigma_2)} \geqslant 0.8$$

7. 重要污染物（COD）排放量及废污水排放系数

根据宁夏引黄灌区各县（市/区）污水排放现状，同时结合《中国环境统计年鉴》关于大中城市废污水排放的统计，来确定工业用水和城镇生活 COD 的排放量及废污水排放系数。用废污水排放量占总用水量的百分比来表示废污水排放系数。

宁夏引黄灌区 2015 年工业用水 COD 排放量为 75910 吨，工业污水排放量为 15321 万吨，占工业用水总量的 42%。因此，引黄灌区的工业污水排放系数取 0.42。

2015 年引黄灌区生活用水 COD 排放量为 10030 吨，城镇生活污水排放量为 8634 万吨，占城镇生活用水量的 80%。因此，引黄灌区的生活污水排放系数取 0.8。

7.2 改进的粒子群算法求解

7.2.1 粒子群算法基本思想与原理

粒子群算法[145]（Particle Swarm Optimization，PSO）是群智能的重要分支之一，它是受鸟群、鱼群等生物群落的防御、猎食行为中的搜索策略启发而形成的，由美国学者 Kennedy 和 Eberhart 于 1995 年提出。它收敛速度快、设置参数少，近年来已在函数优化、模式分类、模糊系统控制、神经网络训练以及其他工程领域得到了广泛应用[146]，并受到广大学者的关注。

与演化计算相比，PSO 算法所采用的速度－位移模型操作相对简单，并且保留了基于种群的全局搜索策略，从而避免了复杂的遗传操作。粒子群算法是通过模仿社会行为而得到的，在进化过程中同时保留和利用位置与速度信息，其进化了类算法，仅保留和利用位置信息。粒子群优化算法没有使用“适者生存”的概念，没有直接利用选择函数，所以具有低适应值的粒子在优化过程中并没有消失，通过群体中粒子之间的竞争与合作所产生的群体智能来指导优化搜索。由于算法收敛速度快、设置参数少，近年来受到众多学者的关注，并且提出了许多针对控制参数的改进方案，以增强算法逃出局部极值的能力。

粒子群算法主要受鸟群觅食的启发。很多鸟组成鸟群在食物比较分散的地形觅食，当一只鸟发现食物后，其附近的鸟也会随之而来。通过这种方式，食物的信息得以有效地传递。对每只鸟来说，最佳的策略就是搜索离食物最近的鸟的周围区域。粒子群算法中的粒子行为保留了 Boids 中的聚集行为，略去了鸟之间的安全距离，这样使得粒子可以在任意尺度的空间进行收敛。粒子群算法中的 Lbest 模式（粒子群中，每个粒子的群体最优经验位置 p_g 取其邻近的粒子的较优的位置，而非全局模式的种群最优位置）也是继承 Boids 仿真中的领域概念。在粒子群算法中，首先初始化为一群随机粒子（随机解），然后通过迭代找寻最优解，每个个体称为一个“粒子”，每个粒子代表一个潜在的解。在一个 D 维搜索空间中，群体由 m 个粒子构成，设 $X_i=(x_{i1},x_{i2},\cdots,x_{iD})$ 为第 i 个粒子（$i=1,2,\cdots,m$）的 D 维位置矢量，根据适应值的大小衡量 X_i 的优劣；$V_i=(v_{i1},v_{i2},\cdots,v_{iD})$ 为第 i 个粒子的飞行速度，即粒子移动的距离；第 i 个粒子迄今为止搜索到的最优位置为 $P_i=(p_{i1},p_{i2},\cdots,p_{iD})$，也称为 p_{best}；整个粒子群迄今为止搜索到的最优位置 $P_g=(p_{g1},p_{g2},\ldots,p_{gD})$，也称为 g_{best}。每次迭代过程中，粒子依据下式来更新速度和位置：

$$v_{id}(t+1)=v_{id}(t)+c_1r_1(p_{id}(t)-x_{id}(t))+c_2r_2(p_{gd}(t)-x_{id}(t)) \quad ①$$

$$x_{id}(t+1)=x_{id}(t)+v_{id}(t+1) \quad i=1,2,\cdots,m,\ d=1,2,\cdots,D \quad ②$$

粒子 i 在搜索解空间时，保存其搜索到的最优位置 p_i，在每次迭代中，粒子 i 根据自身惯性、自身经验 $p_i=(p_{i1},p_{i2},\cdots p_{iD})$ 和群体最优经验 $p_g=(p_{g1},p_{g2},\cdots p_{gD})$ 调整自己的速度向量，进而调整自身位置。c_1 和 c_2 为学习因子，也称加速因子；r_1 和 r_2 是取值介于 0 和 1 之间均匀分布的随机数，用于保持群体的多样性。式①等号右边的 $c_1r_1(p_{id}(t)-x_{id}(t))$ 是“认知”部分，代表粒子对自身的学习，$c_2r_2(p_{gd}-x_{id})$ 是“社会”部分，代表粒子间的协作。先分别计算目前位置到自身经验位置和种群经验位置的距离，再根据学习因子随机地在原有的速度基础上进行调整。Y. Shi 又增设了惯性权重因子 w，将式①变为：

$$v_{id}(t+1)=wv_{id}(t)+c_1r_1(p_{id}(t)-x_{id}(t))+c_2r_2(p_{gd}(t)-x_{id}(t)) \quad ③$$

由式②和式③构成的迭代算法称为基本 PSO 算法，其流程如图 7.1 所示。

7.2.2 多目标规划的粒子群求解

如果存在的目标超过一个并需要同时处理，则称为多目标优化问题（Multiobjective Optimization，MO）[147,148]。

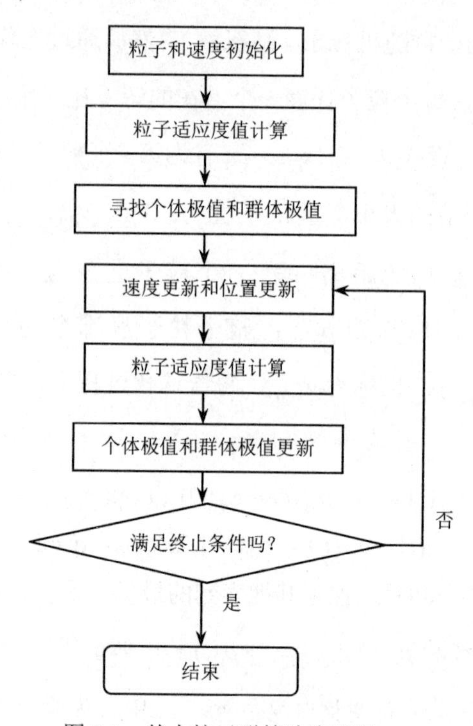

图 7.1 基本粒子群算法流程图

1. *动态邻居粒子群算法*

Xiaohui Hu 和 Eberhart 提出用动态邻居粒子群算法解决多目标优化问题[149]。他们认为，由于多目标优化问题的特殊性，传统的全局粒子群算法不能搜索到 Pareto 最优集。而对于领域拓扑结构的粒子群算法，粒子的邻居需要预定义，搜索过程大多用于局部搜索，因而不适合求解多目标优化问题，所以 Xiaohui Hu 等人提出了动态邻居粒子群算法。就是在每次迭代过程中，计算每个粒子与其他粒子之间的距离，设邻居数为 m，每个粒子选择离其最近的 m 个粒子作为自己的邻居，在这 m 个新邻居中选出粒子适应值最优的粒子作为该粒子的领域最优位置向量 p_g。具体过程如下：

（1）计算当前粒子和其他粒子之间的距离，距离取该粒子当前位置对应的第一个目标函数的适应值与其他粒子适应值之间差值的绝对值，而非粒子空间位置间的距离。

（2）根据上面定义的距离，找出距离该粒子最近的 m 个粒子。

（3）计算该粒子的 m 个邻居粒子当前位置对于第二个目标函数的适应值，根据这个适应值再找出 m 个适应值最佳的粒子作为该粒子的领域最优位置向量 p_g。

（4）在更新粒子自身经验和群体最优经验时，当且仅当目前的位置支配自身经验位置或群体经验位置，也就是说，如果对于最小化问题，当前位置对应的两个目标函数必须均小于经验位置对应的各自的目标函数值，才更新经验位置。

Xiaohui Hu 和 Eberhart 用 7 个典型的多目标优化函数对算法进行了测试。结果表明，动态邻居粒子群算法可以解决多目标优化问题，并能够找到 Pareto 最优集。该算法是对粒子群算法解决多目标优化的初步尝试，取得了一定效果，但还存在以下局限性：

（1）在优化过程中，粒子群算法对其中一个函数进行优化，如何从两个目标中选取一个目标作为优化对象依赖于待解的问题。

（2）该算法智能处理无约束的多目标优化，带约束条件的多目标优化问题还有待解决。

（3）该算法只适于解决双目标优化问题，粒子群算法如何求解多个目标优化问题还有待解决。

2. 基于权重和的粒子群算法

从概念上讲，权重和方法可以看作给每个目标函数分配权重，然后将加权目标组合成单一的目标函数进行求解。与传统多目标优化算法相比，权重和方法在智能优化算法中的应用具有很大差别。在粒子群等演化算法中，最初的权重和方法用来使搜索向着 Pareto 前沿面进行，随着进一步的搜索，权重适应性需要重新调整，因而并不需要良好的权重向量来使算法运行。此外，权重和方法在传统多目标优化中的缺点也可以被粒子群等演化算法基于种群搜索和信息引导的搜索机制削弱。权重和方法主要有 3 种设置方法：固定权重和方法、随机权重和方法和自适应权重和方法[150]。固定权重和方法可以看作是对传统标量化方法的模仿，而随机权重和方法和自适应权重和方法可以更全面地利用智能计算中各种算法的搜索能力。正是由于粒子群算法内在的、基于种群和群体信息的搜索能力，才使其能够求解多目标优化问题。

K.E.Parsopoulos 和 M.N.Vrahatis 研究了基于权重和的粒子群多目标优化求解方法[151]。权重和方法可以表示如下：

$$\max \quad z(x)=\sum_{k=1}^{q} w_k f_k(x) \qquad \text{s.t.} \quad x \in S$$

通常假设$\sum_{k=1}^{q} w_k = 1$。不同权重的变化方式会有不同的搜索行为，固定权重方法使搜索算法向着判据空间中一个固定点所在的区域进行采样的趋势，而随机权重方法则使搜索算法具有可变搜索方向，即具有在整个 Pareto 前沿面均匀采样的能力。K.E.Parsopoulos 等将 3 种权重和方法进行了比较：固定权重和方法（Conventional Weighted Aggregation，CWA）[152]、Bang-Bang 权重和方法（Bang-Bang Weighted Aggregation，BWA）[153]、动态权重和方法（Dynamic Weight Aggregation，DWA）[154]。

针对双目标优化问题，Yaochu Jin 等人提出了 BWA 和 DWA 两种动态权重和方法来解决多目标优化问题。他们通过研究发现，固定权重和方法每次优化只能获得一个 Pareto 最优解，而不能得到 Pareto 最优集[152]。也就是说，如果想获得 Pareto 最优集，就必须多次运行算法。但在很多实际应用中，这种方式是不可取的。下面详细介绍 BWA 和 DWA 的设置。

（1）Bang-Bang 权重和方法。对于双目标优化问题，两个目标函数的权重如下：

$$w_1(t)=\text{sign}(\sin(2\pi t / F))$$
$$w_2(t)=1.0-w_1(t)$$

其中，变量 t 为算法迭代次数，常量 F 为权重变化频率。很明显，频率应设得足够大才能使算法从一个稳定点转到另一个稳定点。

（2）动态权重和方法。DWA 中权重是渐变的，如果 Pareto 前沿面是凸的，权重渐变可以使优化算法沿着 Pareto 前沿面进行搜索；如果 Pareto 前沿面是凹的，DWA 的性能与 BWA 相当。DWA 可以通过如下公式实现：

$$w_1(t) = \left|\sin(2\pi t / F)\right|$$
$$w_2(t) = 1.0 - w_1(t)$$

一方面，w_1 变化频率由 F 决定，F 要设得足够大才能使优化算法搜索到稳定点。另一方面，合理设置 F 可以保证 w_1 在整个迭代过程中由 0 至 1 变化两次。通常，BWA 中，$F = 100$，DWA 中，$F = 200$，这样可以保证 Pareto 前沿面在 150 次迭代中旋转 3 次。无论是 DWA 还是 BWA 都不能保证搜索到 Pareto 最优集上所有的点。因此，在算法迭代过程中，需要保存已找到的 Pareto 解。

K. E. Parsopoulos 和 M. N. Vrahatis 用粒子群算法对 5 个不同的多目标优化函数进行了测试[151]，实验结果表明，粒子群算法在每次优化中都能得到 Pareto 最优集。在 Pareto 前沿面为凸的测试函数中，DWA 的性能优于 BWA。但 Pareto 前沿面为凹时，BWA 性能更好。

3. 基于粒子群的非 Pareto 方法

K. E. Parsopoulos 和 M. N. Vrahatis 提出一种非 Pareto 方法[151]，主要是将 Schaffer 提出的向量评价机制引入粒子群算法（Vector Evaluated Particle Swarm Optimization，VEPSO）。Schaffer 在对多目标优化问题进行研究时，在基本遗传算法的基础上，考虑了向量形式的适应度计算方法，称为向量评价的遗传算法（Vector Evaluated Genetic Algorithm，VEGA）。该方法主要是对遗传算法中的选择操作进行了修改，假设优化问题有 q 个目标函数，种群的大小为 N，则用适应度比例法产生 q 个子种群，然后将这些子种群混合构成新的一代种群，继续执行变异和交叉等遗传操作，在每一次迭代中分别对各目标函数进行计算。

根据 VEGA 的机制，K. E. Parsopoulos 等针对双目标优化问题提出一种粒子群算法解决方案。将粒子分为两个群，一个目标函数对应一个群。每个群体中的个体的适应值根据其对应的目标函数进行计算，但每个群的粒子更新速度向量时，其领域最优向量 p_g 要依赖于另一个群的信息，即两个种群的经验最优位置 p_g 互换作为对方的经验最优信息。

7.2.3 粒子群算法的行为参数设置

1. 位置向量

在粒子群算法中，通常需要对粒子的搜索范围作出规定。位置向量 $x_i=(x_{i1},x_{i2},\cdots,x_{iD})$ 表示粒子 i 目前所处的 D 维空间位置，粒子位置向量代表问题的解。在具体求解过程中，粒子可能会超出之前所规定的范围，针对不同的问题用相应的方式来处理，一种方法是将粒子在所规定的范围内对位置向量 x_i 重新初始化，另一种是将超出限定范围维度 x_{ij} 的粒子重新初始化。

2. 速度向量

速度是粒子群算法的特色之一。速度范围随着算法运行的阶段不同而发生变化，以适应搜索的不同阶段。如果速度设定得过小，收敛速度会减慢，从而会影响收敛效率，所以在算法运行过程中速度的设定要适宜。Shi 和 Eberhart 提出，当粒子的速度经验公式③更新后，如果超过边界，则等于边界值[155]。R. C. Eberhart 和 Y. Shi[156]发现如果 $v_{\max}$ 由一个较大的值逐步减少到 $x_{\max}$（位置向量中各分量的上限），则可以提高粒子群算法的搜索性能，表明 $v_{\max}$ 与 $x_{\max}$ 具有一定的联系。针对这一问题，引入惯性权重 w，可以解决全局和局部搜索能力平衡的问题，当 $v_{\max}$ 增加时，可通过减小 w 来达到平衡搜索，而 w 的减小可使所需的迭代次数变少。

3. 学习因子

学习因子 c_1 和 c_2 是非负常数，代表粒子偏好的权值。c_1 表示对自身经验的偏好度，c_2 表示对群体经验的偏好度。c_1 和 c_2 取何值，才能使粒子群算法达到最优的搜索结果，不少学者对此进行了研究。Kennedy 认为[157]，要使算法的搜索效果达到最优，学习因子c_1和c_2之和应为4.0左右，通常的做法是将它们都设为2.05。相关的研究表明，单纯的社会经验模型（$c_1 = 0$）和单纯的自我认知模型（$c_2 = 0$）相比较，社会经验模型的搜索效果要比自我认知模型的搜索效果更好[158]。文献[159]得出较为合理的方案是c_1和c_2的和为4.1时，搜索效率会好一些，其中$c_1 = 2.8$，$c_2 = 1.3$。这里取$c_1 = 2.8$，$c_2 = 1.3$。

4. 种群大小

粒子群搜索过程中，粒子数少则不利于广域搜索，粒子数多会加大计算量。有很多学者对究竟多少粒子参加搜索才能使得搜索效果较优这一问题做了深入研究。Shi和Eberhart认为，粒子群算法中，种群大小对算法的收敛效果影响不大[160]。同时，Anthony Carlistle等在文献[159]中，对于不同数量的种群，以5个求最小值的函数为测试对象，采用粒子群算法对其进行计算，最后得出这样的结论：种群数量取为30个左右时，搜索效率较好。这里种群数量个数取30。

5. 协同模式

粒子在搜索过程中会不断地进行迭代，粒子每进行一次迭代就会有一次完整的搜索，所有粒子都会以共同的认知水平进行一次完整的搜索，将这种实现称为同步模式（Synchronous Pattern）。在搜索过程中，种群中的每个粒子搜索步调表现得各不相同，粒子间表现出明显的异步性，将它称为异步模式（Asynchronous Pattern）。异步模式下算法收敛速度较快、较准确。

7.2.4 粒子群算法的改进

近些年，粒子群算法在优化问题中有广泛的应用，并在不断改进[161-164]。

1. 对约束条件的处理引进惩罚函数

多目标优化问题的关键在于如何处理约束条件，Xiaohui Hu和Eberhart[165]针对约束优化问题，尝试用粒子群算法进行求解。只有当解在可行域的前提下，粒子才会停止初始化和经验更新，否则会继续进行迭代更新。粒子在可行域进行搜索时，只跟踪并记录那些在可行域范围内的解，不断在整个解空间进行搜索，最终找出最优解。但该算法是粒子群算法在约束规划问题上的初步尝试。Parsopoulos 和 Vrahatis 提出利用惩罚函数作为粒子适应值，使得PSO能够解决约束优化问题[166]。

惩罚函数法针对如下的非线性规划问题：

$$\begin{aligned}&\min f(x)\\&\text{s.t. } g_i(x)\geqslant 0 \qquad i=1,2,\cdots,m\end{aligned}$$

取加法形式的评估函数：

$$eval(x)=f(x)+p(t,x)$$

惩罚函数由两部分构成：违反约束的惩罚和可变乘法因子，其表示式如下：

$$p(t,x)=\sqrt{t}\sum_{i=1}^{m}\theta(d_i(x))d_i(x)^{\gamma(d_i(x))}$$

其方法类似 Joines 和 Houck 方法，$d_i(x)$ 为约束 i 的违反量，t 为算法的迭代次数。单个约束 $d_i(x)$ 的惩罚项和惩罚因子按下式计算：

$$d_i(x)=\begin{cases}0 & \text{若 } x \text{ 可行或} |g_i(x)|\leqslant 10^{-5}\\ |g_i(x)| & 1\leqslant i\leqslant m\end{cases}$$

其中，函数 $\theta(x)$ 和 $\gamma(x)$ 为阶段函数，这里定义如下：

$$\theta(d_i(x))=\begin{cases}10 & d_i(x)<0.001\\ 20 & d_i(x)\leqslant 0.1\\ 100 & d_i(x)\leqslant 1\\ 300 & \text{其他}\end{cases}$$

$$\gamma(d_i(x))=\begin{cases}1 & d_i(x)<1\\ 2 & \text{其他}\end{cases}$$

Parsopoulos 等人将带有约束条件的 6 个优化函数作为测试对象，对算法进行了测试，测试结果表明，粒子群算法解决约束优化问题是可行的，而且对于约束优化问题，粒子群算法要比遗传算法更优越。这里针对引黄灌区带有复杂约束条件的多目标优化模型，对于约束条件的处理，采用了惩罚函数法，为后面的优化计算提供了方便。

2. 建立基于种群熵的具有衰落扰动指数的粒子群算法

在实际应用过程中人们发现基本粒子群算法有一些缺陷，如对环境变化不敏感，经常会受p_{best}和g_{best}的影响而使粒子陷入局部最优，从而导致算法早熟收敛等现象。针对这一问题，将元胞引入粒子群算法中，为了对种群的多样性进行定量描述，引进了种群熵这一种群多样性指标，算法运行过程中，根据种群熵值的变化随时对种群的结构进行调整。

算法局部开采和全局探测能力均衡与否对算法的性能至关重要，通过调整惯性权值可以均衡算法局部开采和全局探测能力。以往都是对算法的某个参数进行调整，方法相对直接简单。为了能定量描述种群多样性，有学者在遗传算法中提出了种群熵的概念，从而能更好地了解算法进化的过程。这里借鉴这一思想，采用种群熵对粒子群的种群多样性进行了定量描述，并将元胞引入粒子群算法中，粒子在搜索过程中会依据种群熵和元胞结构对算法的全局探测能力和局部开采能力进行有效的均衡，从而提高算法的整体性能，确保所得解为全局最优解。

（1）种群多样性的度量。随着 Shannon 把热力学中熵的概念引入信息论，信息熵的应用已经渗透到许多学科。采用种群熵对粒子群算法中种群的多样性进行了度量。

若第t代种群有 Q 个子集：$S_1^t, S_2^t, \cdots, S_Q^t$，各个子集所包含的数目记为$\left|S_1^t\right|, \left|S_2^t\right|, \cdots, \left|S_Q^t\right| (Q \leqslant N)$，且$S_p^t \cap S_q^t = \phi$，$\bigcup_{q=1}^{Q} S_q^t = A^t$，其中$p, q \in \{1, 2, \cdots, Q\}$，$A^t$为第$t$代种群的集合，则定义第$t$代种群的熵为：

$$E = -\sum_{j=1}^{Q} P_j \lg(p_j)$$

其中，N为种群规模，$p_j = \left|S_j\right| / N$。

种群熵表达种群在搜索空间各个子空间的粒子分布情况。一般种群粒子的适应值越多，意味着粒子分配得越平均，熵值就会越大；如果种群中所有粒子的适应值都相同，意味着粒子分配得较分散，熵取最小值 $E=0$。

（2）算法描述及自适应调节策略。这里将元胞引入粒子群算法中。根据元胞的空间分布，采用二维环形的元胞结构，将所有粒子放在其中，粒子自身及分别位于其上下左右的 4 个粒子（即每个粒子有 4 个邻居），如图 7.2 所示。

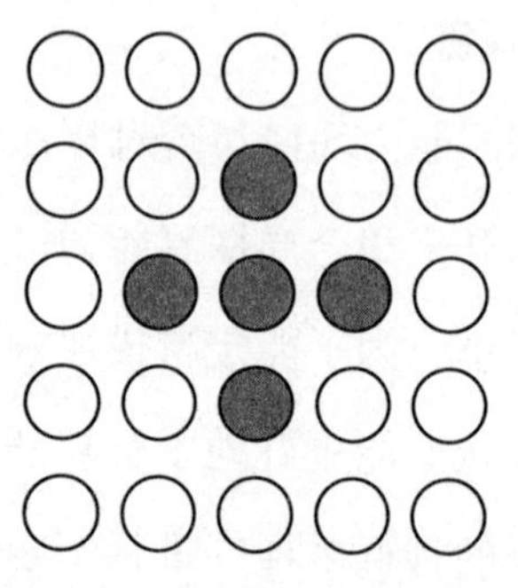

图 7.2　元胞结构及邻居结构

为了便于对算法进行调整，采用两种不同的元胞结构，分别为宽结构元胞和窄结构元胞，宽结构元胞记为 $r\times c$，窄结构元胞记为 $r'\times c'$，且 $r\times c=r'\times c'$，这里 r 表示行数，c 表示列数，如图 7.3 所示。

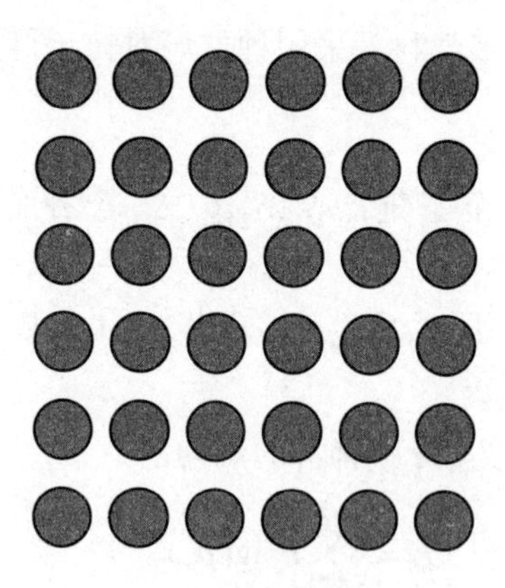

（a）宽结构元胞

图 7.3　宽/窄结构元胞

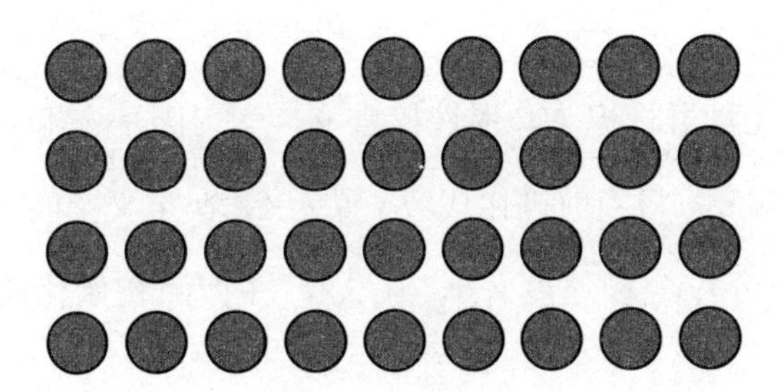

（b）窄结构元胞

图 7.3 宽/窄结构元胞（续图）

在搜索过程中，会根据种群熵值减少速度的快慢来调整元胞的结构，从而加强算法的搜索能力，当种群熵减小过快时，则采用窄结构元胞$r'\times c'$，这样可以加强算法的全局搜索能力；而当种群熵减小过慢时，则采用宽结构元胞$r\times c$，从而加强算法的局部开采能力。转换元胞结构时，粒子重置位公式为：

$$(i,j)\to([i*c+j]\ \text{div}\ \ c',[i*c+j]\ \ \text{mod}\ \ c') \qquad ④$$

（3）算法中加入衰落扰动指数。在基本粒子群算法的基础上，加入衰落扰动指数，新算法中速度和位置更新方程为：

$$v_{id}(t+1)=wv_{id}(t)+c_1r_1(p_{id}(t)-x_{id}(t))+c_2r_2(p_{gd}(t)-x_{id}(t))+lr_3 \qquad ⑤$$

$$x_{id}(t+1)=x_{id}(t)+v_{id}(t+1) \qquad i=1,2,\cdots,m,\ \ d=1,2,\cdots,D \qquad ⑥$$

其中，$l=-d_1(x-d_2)$是线性递减函数，由参数d_1和d_2所决定；变量r_3是正的随机数，服从均匀分布[0,1]；$x=t\Delta x$，d_1和d_2均为小的常量参数，使其可被任意设置，t表示第t代迭代参数，Δx为时间间隔，可以根据目标函数进行调整。在算法演变过程中，扰动指数以一定的速度在衰减，而且对粒子最后的运动影响很小，因此，该算法能搜索到全局最优解。在PSO算法的早期进化过程中，由于粒子以较高的速度收敛到其附近最优，而且算法具有较强的全局寻优能力，因此，对于衰落扰动指数的影响可以忽略。随着迭代次数的增加，粒子在进化过程的后期速度由于其收敛会出现停滞或不变现象，带有衰落扰动指数的速度更新公式⑤会帮助粒子跳出局部最优，从而避免粒子陷入局部最优。

算法描述如下：

Step 1：初始化种群规模 N，惯性权重 w，学习因子 c_2 和 c_2，最大迭代次数 $generation_{\max}$，常数 ε。将当前进化代数 t 置为 1，在定义空间中随机产生 N 个粒子的初始位置 $x_1, x_2, \cdots, x_N$ 和速度 $v_1, v_2, \cdots, v_N$，并按照初始化的顺序将粒子置于 $r \times c$ 的元胞中（$r \times c = N$）。

Step 2：计算第 i 个粒子的适应值 $fitness_i$，并确定每个粒子领域中的最优粒子 $gbest_i$，$i = 1, 2, \cdots, N$。

Step 3：对所有的 $i = 1, 2, \cdots, N$，如果 $fitness_i > fitness_{pbest_i}$，则 $fitness_{pbest_i} = fitness_i$，$x_{pbest_i} = x_i$，根据每个粒子新的适应值更新各粒子领域中的 $gbest_i$。

Step 4：计算本代种群的熵值 E_t，并根据速度和位置更新公式⑤和⑥调整每个粒子的速度和位置。

Step 5：分别计算 $\Delta E_t = E_t - E_{t-1}$ 和 $\Delta E_{t-1} = E_{t-1} - E_{t-2}$，如果满足 $\Delta E_t > (2 - \varepsilon) * \Delta E_{t-1}$，则依据公式④将元胞结构转换为 $r' \times c'$；如果满足 $\Delta E_t < (1 + \varepsilon) * \Delta E_{t-1}$，则将元胞结构转换为 $r \times c$。

Step 6：检查终止条件，如果达到最大迭代次数 $generation_{\max}$，终止迭代；否则 $t = t + 1$，返回 Step 2。

这里对所得的结果与基本 PSO 算法的优化结果进行比较。在基本粒子群算法基础上，把二维元胞引入到粒子群算法中，并采用种群熵这一种群多样性指标对种群的多样性进行定量描述，给出了基于种群熵的具有衰落扰动指数的粒子群算法。结果表明，改进的算法增强了算法跳出局部最优的能力，能够对局部最优和全局最优进行有效的均衡，从而确保所得解为全局最优解，而且该算法简单易实现，对于复杂多峰函数的优化问题求解，在全局搜索性能方面，改进的算法明显要比基本的粒子群算法更优越。

7.3 引黄灌区水资源优化配置结果

这里根据以上所述粒子群算法的原理及求解过程，用 MATLAB 编制改进的粒子群算法的程序，以预测的宁夏引黄灌区供需水量为依据，拟定模型参数，将相关数据输入，最后用该程序对规划水平年 2025 年在 50%、75%、90%三个不同降水频率下的水资源优化配置模型进行求解，所得结果见表 7-3 至表 7-5。

表 7-3 宁夏引黄灌区 2025 年各县（市/区）50%降水频率下水资源优化配置结果 单位：万 m^3

地区	用户	供水量			需水量	余缺水量	缺水率/%
		地表水	地下水	小计			
银川市	农业	57202.8	0	57202.8	57202.8	0	0.00
	工业	7327.2	6926	14253.2	14956	702.8	4.70
	生活	0	10382.9	10382.9	10382.9	0	0.00
	生态	2286.6	0	2286.6	2286.6	0	0.00
	小计	66816.6	17308.9	84125.5	84828.3	702.8	0.83
永宁县	农业	46477	0	46477	46572.5	95.5	0.21
	工业	776.5	1204	1980.5	1885	-95.5	-5.07
	生活	0	1199.7	1199.7	1199.7	0	0.00
	生态	1846.8	0	1846.8	1846.8	0	0.00
	小计	49100.3	2403.7	51504	51504	0	0.00
贺兰县	农业	62435	0	62435	62528.7	93.7	0.15
	工业	901.7	1015	1916.7	1823	-93.7	-5.14
	生活	0	1109.1	1109.1	1109.1	0	0.00
	生态	4045.5	0	4045.5	4045.5	0	0.00
	小计	67382.2	2124.1	69506.3	69506.3	0	0.00
灵武市	农业	33177	0	33177	33503.5	326.5	0.97
	工业	6466.5	1555	8021.5	7695	-326.5	-4.24
	生活	0	1430.1	1430.1	1430.1	0	0.00
	生态	527.7	0	527.7	527.7	0	0.00
	小计	40171.2	2985.1	43156.3	43156.3	0	0.00

续表

地区	用户	供水量			需水量	余缺水量	缺水率/%
		地表水	地下水	小计			
大武口区	农业	3609	1562	5171	5171	0	0.00
	工业	0	4994	4994	5295	301	5.68
	生活	0	1090.2	1090.2	1090.2	0	0.00
	生态	2726	0	2726.3	2726.3	0	0.00
	小计	6335	7646.2	13981.5	14282.5	301	2.11
惠农区	农业	20517.2	0	20517.2	21517.2	1000	4.65
	工业	8970.8	1692	10662.8	12756	2093.2	16.41
	生活	0	1164	1164	1164	0	0.00
	生态	703.6	0	703.6	703.6	0	0.00
	小计	30191.6	2856	33047.6	36140.8	3093.2	8.56
平罗县	农业	72128	456	72584	72756.9	172.9	0.24
	工业	172.9	3460	3632.9	3460	-172.9	-5.00
	生活	0	1373.4	1373.4	1373.4	0	0.00
	生态	5452.6	0	5452.6	5452.6	0	0.00
	小计	77753.5	5289.4	83042.9	83042.9	0	0.00
利通区	农业	30573	0	30573	30751.2	178.2	0.58
	工业	3656.2	353	4009.2	3831	-178.2	-4.65
	生活	0	2512.5	2512.5	2512.5	0	0.00
	生态	1319.2	0	1319.2	1319.2	0	0.00
	小计	35548.4	2865.5	38413.9	38413.9	0	0.00
青铜峡市	农业	46227	0	46227	46566	339	0.73
	工业	5944	1926	7870	7531	-339	-4.50
	生活	0	1805.4	1805.4	1805.4	0	0.00
	生态	1583	0	1583	1583	0	0.00
	小计	53754	3731.4	57485.4	57485.4	0	0.00
沙坡头区	农业	35181	0	35181	35356.8	175.8	0.50
	工业	433.8	3443	3876.8	3701	-175.8	-4.75
	生活	0	1588.4	1588.4	1588.4	0	0.00
	生态	1407.1	0	1407.1	1407.1	0	0.00
	小计	37021.9	5031.4	42053.3	42053.3	0	0.00

续表

地区	用户	供水量			需水量	余缺水量	缺水率/%
		地表水	地下水	小计			
中宁县	农业	38834	0	38834	38999.4	165.4	0.42
	工业	2842.4	770	3612.4	3447	-165.4	-4.80
	生活	0	1556.3	1556.3	1556.3	0	0.00
	生态	1407.1	0	1407.1	1407.1	0	0.00
	小计	43083.5	2326.3	45409.8	45409.8	0	0.00
灌区合计	农业	446361	2018	448379	450926.1	2547.1	0.56
	工业	37492	27338	64830	66379	1549	2.33
	生活	0	25211.9	25211.9	25211.9	0	0.00
	生态	23305.2	0	23305.2	23305.4	0.2	0.00
	小计	507158.2	54567.8	561726.1	565822.4	4096.3	0.71

表 7-4 宁夏引黄灌区 2025 年各县（市/区）75%降水频率下水资源优化配置结果 单位：万 m^3

地区	用户	供水量			需水量	缺水量	缺水率/%
		地表水	地下水	小计			
银川市	农业	51442	0	51442	60653.1	9211.1	15.19
	工业	6838	6514	13352	14956	1604	10.72
	生活	0	10382.9	10382.9	10382.9	0	0.00
	生态	2218	0	2218	2286.6	68.6	3.00
	小计	60498	16896.9	77394.9	88278.6	10883.7	12.33
永宁县	农业	44642	0	44642	48922.8	4280.8	8.75
	工业	664	1146	1810	1885	75	3.98
	生活	0	1199.7	1199.7	1199.7	0	0.00
	生态	1792	0	1792	1846.8	54.8	2.97
	小计	47098	2345.7	49443.7	53854.3	4410.6	8.19
贺兰县	农业	59967	0	59967	66715.4	6748.4	10.12
	工业	761	964	1725	1823	98	5.38
	生活	0	1109.1	1109.1	1109.1	0	0.00
	生态	3925	0	3925	4045.5	120.5	2.98
	小计	64653	2073.1	66726.1	73693	6966.9	9.45

续表

地区	用户	供水量			需水量	缺水量	缺水率/%
		地表水	地下水	小计			
灵武市	农业	32405	0	32405	34925.8	2520.8	7.22
	工业	6031	1484	7515	7695	180	2.34
	生活	0	1430.1	1430.1	1430.1	0	0.00
	生态	512	0	512	527.7	15.7	2.98
	小计	38948	2914.1	41862.1	44578.6	2716.5	6.09
大武口区	农业	2894	1742	4636	5579	943	16.90
	工业	0	4632	4632	5295	663	12.52
	生活	0	1090.2	1090.2	1090.2	0	0.00
	生态	2644	0	2644	2726.3	82.3	3.02
	小计	5538	7464.2	13002.2	14690.5	1688.3	11.49
惠农区	农业	19018	0	19018	22636.6	3618.6	15.99
	工业	7282	3999	11281	12756	1475	11.56
	生活	0	1164	1164	1164	0	0.00
	生态	683	0	683	703.6	20.6	2.93
	小计	26983	5163	32146	37260.2	5114.2	13.73
平罗县	农业	68936	0	68936	76278.6	7342.6	9.63
	工业	1877	1415	3292	3460	168	4.86
	生活	0	1373.4	1373.4	1373.4	0	0.00
	生态	5289	0	5289	5452.6	163.6	3.00
	小计	76102	2788.4	78890.4	86564.6	7674.2	8.87
利通区	农业	29094	0	29094	32529.4	3435.4	10.56
	工业	3321	285	3606	3831	225	5.87
	生活	0	2512.5	2512.5	2512.5	0	0.00
	生态	1279	0	1279	1319.2	40.2	3.05
	小计	33694	2797.5	36491.5	40192.1	3700.6	9.21
青铜峡市	农业	43646	0	43646	49087.1	5441.1	11.08
	工业	5212	1837	7049	7531	482	6.40
	生活	0	1805.4	1805.4	1805.4	0	0.00
	生态	1536	0	1536	1583	47	2.97
	小计	50394	3642.4	54036.4	60006.5	5970.1	9.95

续表

地区	用户	供水量			需水量	缺水量	缺水率/%
		地表水	地下水	小计			
沙坡头区	农业	33919	0	33919	37763.4	3844.4	10.18
	工业	177	3323	3500	3701	201	5.43
	生活	0	1588.4	1588.4	1588.4	0	0.00
	生态	1365	0	1365	1407.1	42.1	2.99
	小计	35461	4911.4	40372.4	44459.9	4087.5	9.19
中宁县	农业	37834	0	37834	41704.3	3870.3	9.28
	工业	2578	714	3292	3447	155	4.50
	生活	0	1556.3	1556.3	1556.3	0	0.00
	生态	1365	0	1365	1407.1	42.1	2.99
	小计	41777	2270.3	44047.3	48114.7	4067.4	8.45
灌区合计	农业	423797	1742	425539	476795.4	51256.4	10.75
	工业	34741	26313	61054	66379	5325	8.02
	生活	0	25212	25212	25211.9	-0.1	0.00
	生态	22608	0	22608	23305.4	697.4	2.99
	小计	481146	53267	534413	591691.7	57278.7	9.68

表 7-5 宁夏引黄灌区 2025 年各县（市/区）90%降水频率下水资源优化配置结果 单位：万 m^3

地区	用户	供水量			需水量	缺水量	缺水率/%
		地表水	地下水	小计			
银川市	农业	46897	0	46897	62821.4	15924.4	25.35
	工业	6211	5541	11752	14956	3204	21.42
	生活	0	10382.9	10382.9	10382.9	0	0.00
	生态	2173	0	2173	2286.6	113.6	4.97
	小计	55281	15923.9	71204.9	90446.9	19242	21.27
永宁县	农业	42828	0	42828	50463.8	7635.8	15.13
	工业	673	1011	1684	1885	201	10.66
	生活	0	1199.7	1199.7	1199.7	0	0.00
	生态	1755	0	1755	1846.8	91.8	4.97
	小计	45256	2210.7	47466.7	55395.3	7928.6	14.31

续表

地区	用户	供水量			需水量	缺水量	缺水率/%
		地表水	地下水	小计			
贺兰县	农业	57487	0	57487	68225.7	10738.7	15.74
	工业	772	845	1617	1823	206	11.30
	生活	0	1109.1	1109.1	1109.1	0	0.00
	生态	3844	0	3844	4045.5	201.5	4.98
	小计	62103	1954.1	64057.1	75203.3	11146.2	14.82
灵武市	农业	31588	0	31588	36105.4	4517.4	12.51
	工业	5771	1316	7087	7695	608	7.90
	生活	0	1430.1	1430.1	1430.1	0	0.00
	生态	502	0	502	527.7	25.7	4.87
	小计	37861	2746.1	40607.1	45758.2	5151.1	11.26
大武口区	农业	2468	1828	4296	5817.5	1521.5	26.15
	工业	0	4116	4116	5295	1179	22.27
	生活	0	1090.2	1090.2	1090.2	0	0.00
	生态	2590	0	2590	2726.3	136.3	5.00
	小计	5058	7034.2	12092.2	14929	2836.8	19.00
惠农区	农业	18665	0	18665	23463	4798	20.45
	工业	6981	3701	10682	12756	2074	16.26
	生活	0	1164	1164	1164	0	0.00
	生态	669	0	669	703.6	34.6	4.92
	小计	26315	4865	31180	38086.6	6906.6	18.13
平罗县	农业	65363	0	65363	78581.5	13218.5	16.82
	工业	1775	1255	3030	3460	430	12.43
	生活	0	1373.4	1373.4	1373.4	0	0.00
	生态	5180	0	5180	5452.6	272.6	5.00
	小计	72318	2628.4	74946.4	88867.5	13921.1	15.67
利通区	农业	27610	0	27610	33801.9	6191.9	18.32
	工业	3169	124	3293	3831	538	14.04
	生活	0	2512.5	2512.5	2512.5	0	0.00
	生态	1253	0	1253	1319.2	66.2	5.02
	小计	32032	2636.5	34668.5	41464.6	6796.1	16.39

续表

地区	用户	供水量			需水量	缺水量	缺水率/%
		地表水	地下水	小计			
青铜峡市	农业	41075	0	41075	50798.2	9723.2	19.14
	工业	4783	1627	6410	7531	1121	14.89
	生活	0	1805.4	1805.4	1805.4	0	0.00
	生态	1504	0	1504	1583	79	4.99
	小计	47362	3432.4	50794.4	61717.6	10923.2	17.70
沙坡头区	农业	32540	0	32540	38523.9	5983.9	15.53
	工业	251	3040	3291	3701	410	11.08
	生活	0	1588.4	1588.4	1588.4	0	0.00
	生态	1337	0	1337	1407.1	70.1	4.98
	小计	34128	4628.4	38756.4	45220.4	6464	14.29
中宁县	农业	36716	0	36716	42736.6	6020.6	14.09
	工业	2534	584	3118	3447	329	9.54
	生活	0	1556.3	1556.3	1556.3	0	0.00
	生态	1337	0	1337	1407.1	70.1	4.98
	小计	40587	2140.3	42727.3	49147	6419.7	13.06
灌区合计	农业	403237	1828	405065	491339	86274	17.56
	工业	32920	23160	56080	66379	10299	15.52
	生活	0	25212	25212	25211.9	-0.1	0.00
	生态	22144	0	22144	23305.4	1161.4	4.98
	小计	458301	50200	508501	606235.3	97734.3	16.12

3个不同降水频率下惩罚函数和目标函数的收敛过程见图7.4至图7.9。结果表明，2025年在50%降水频率下，引黄灌区总需水量为565822.4万m^3，缺水量为4005.4万m^3，缺水率0.71%，生活和生态不缺水，农业和工业有少量缺水，基本能够满足需求；在75%降水频率下，引黄灌区总需水量为591691.7万m^3，缺水量为57278.7万m^3，缺水率9.68%，只有生活不缺水，农业、工业和生态缺水量分别为51256.4万m^3、5325万m^3、697.4万m^3，缺水率分别为10.75%、8.02%、2.99%；在90%降水频率下，引黄灌区总需水量为606235.3万m^3，缺水量为97734.3万m^3，

缺水率 16.12%，缺水严重，只有生活不缺水，农业、工业和生态缺水量分别为 86274 万 m^3、10299 万 m^3、1161.4 万 m^3，缺水率分别为 17.56%、15.52%、4.98%。

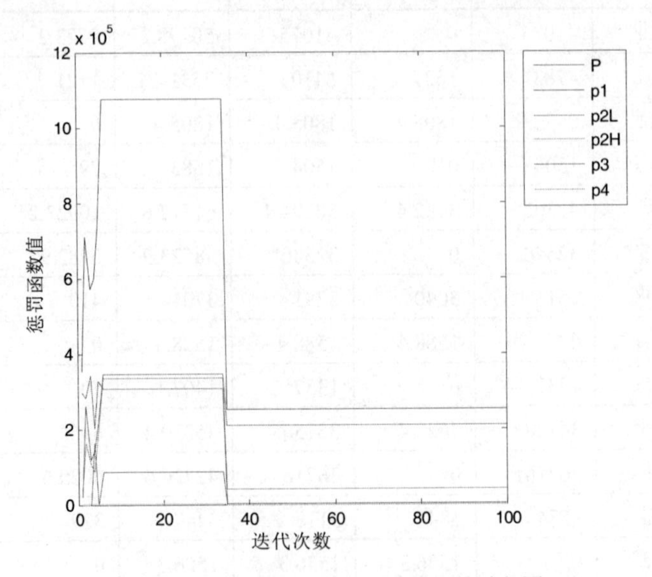

图 7.4　2025 年 P=50%惩罚函数收敛过程图

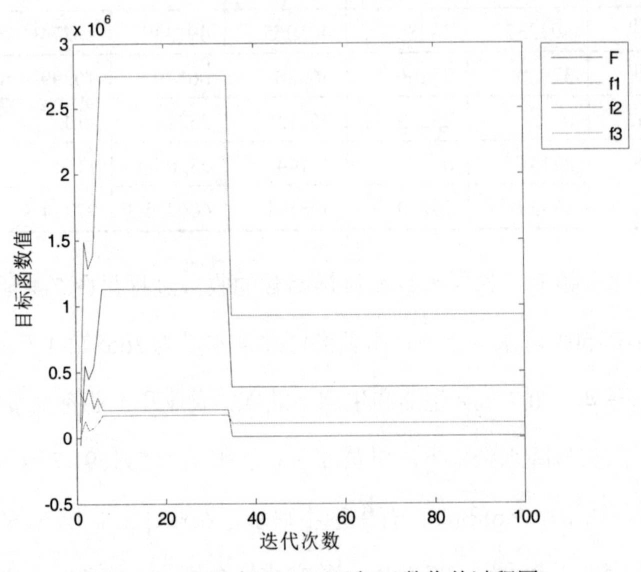

图 7.5　2025 年 P=50%目标函数收敛过程图

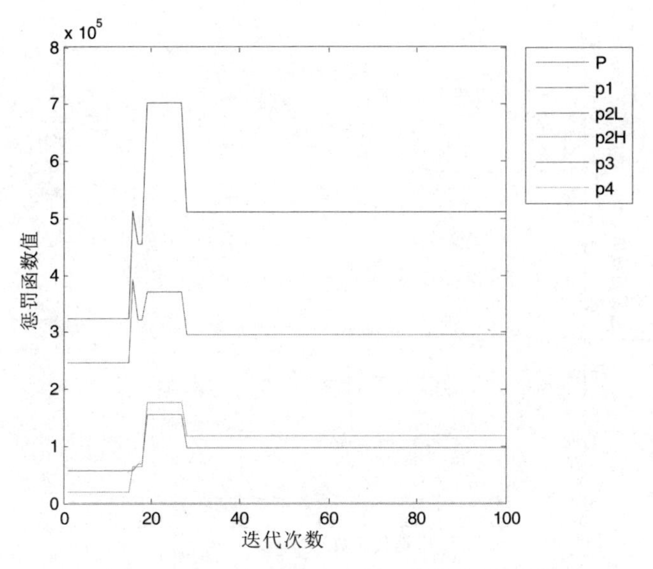

图 7.6　2025 年 P=75%惩罚函数收敛过程图

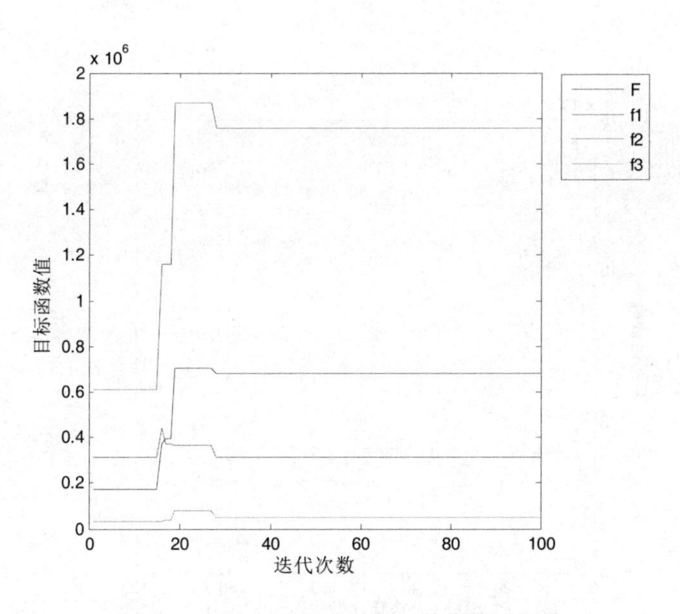

图 7.7　2025 年 P=75%目标函数收敛过程图

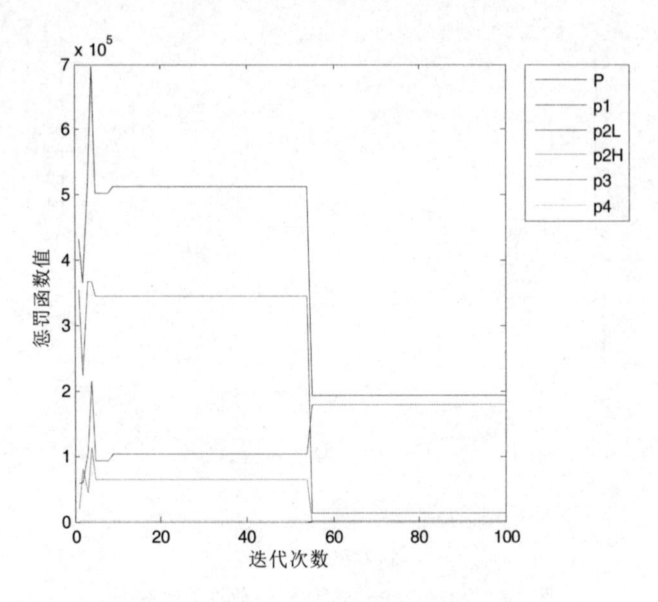

图 7.8　2025 年 P=90%惩罚函数收敛过程图

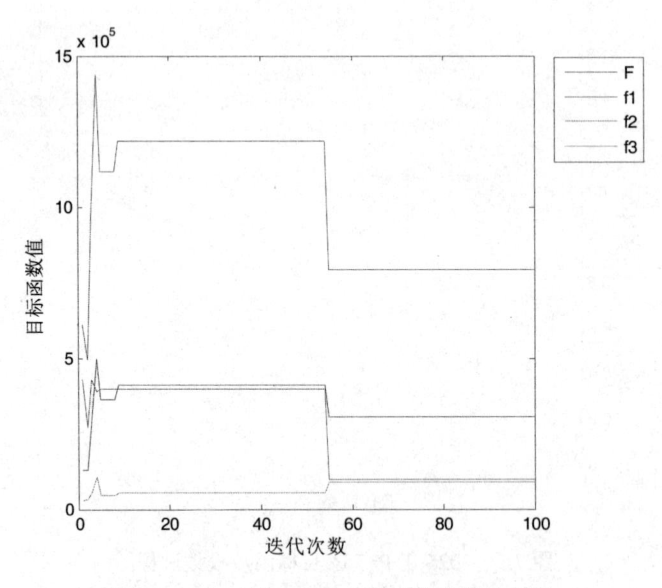

图 7.9　2025 年 P=90%目标函数收敛过程图

7.4 结果分析

7.4.1 配水量

2025 年 50%、75%、90%三种不同降水频率下，引黄灌区总配水量农业用水所占比重下降，而工业、生活和生态用水所占比重有所增加。总配水量分别为 5618174 万 m^3、534413 万 m^3、508501 万 m^3，其中对农业配水量分别为 448379 万 m^3、425539 万 m^3、405065 万 m^3，约占总配水量的比率分别为 79.81%、79.63%、79.66%；对工业配水量分别为 64830 万 m^3、61054 万 m^3、56080 万 m^3，约占总配水量的比率分别为 11.54%、11.42%、11.03%；对生活配水量均为 25212 万 m^3，约占总配水量的比率分别为 4.49%、4.72%、4.96%；对生态配水量分别为 23305.2 万 m^3、22608 万 m^3、22144 万 m^3，约占总配水量的比率分别为 4.15%、4.23%、4.35%。引黄灌区 2025 年 3 个不同降水频率下的配水结构如图 7.10 至图 7.12 所示。

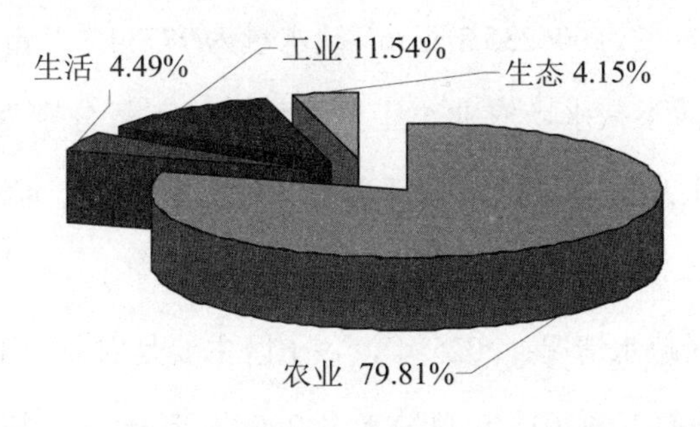

图 7.10 2025 年 P=50%配水结构图

2025 年宁夏引黄灌区各用水部门按照配水量多少排序依次为：农业用水、工业用水、生活用水、生态用水，此顺序与引黄灌区 2025 年需水预测结果相同，而且随着人口的增加和社会经济的发展，2025 年工业、生活和生态用水均有所增加，符合实际情况，说明模型计算合理。

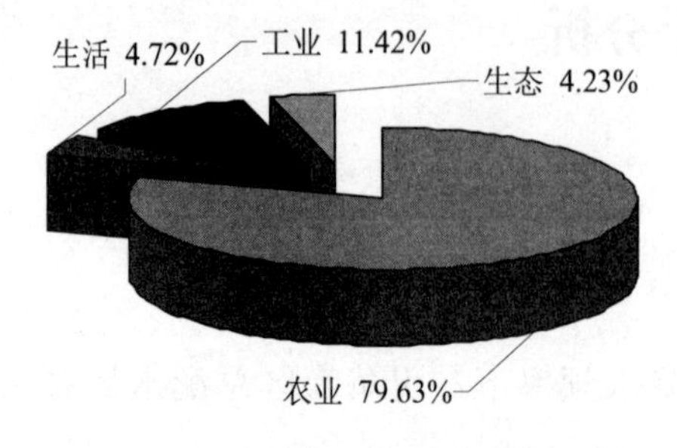

图 7.11 2025 年 P=75%配水结构图

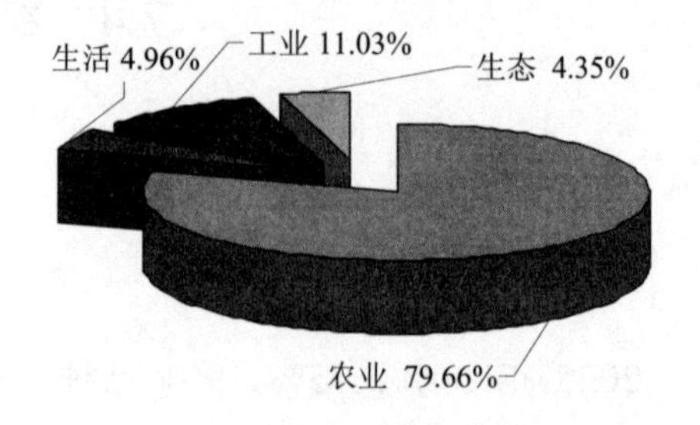

图 7.12 2025 年 P=90%配水结构图

7.4.2 缺水量

2025 年，随着经济社会的发展和人口的增长，缺水量和缺水率均有所增加。2025 年在 50%降水频率下，引黄灌区总需水量为 565822.4 万 m^3，缺水量为 4005.4 万 m^3，缺水率 0.71%，生活和生态不缺水，农业和工业有少量缺水，基本能够满足需求；在 75%降水频率下，引黄灌区总需水量为 591691.7 万 m^3，缺水量为 57278.7 万 m^3，缺水率 9.68%，只有生活不缺水，农业、工业和生态缺水量分别为 51256.4 万 m^3、5325 万 m^3、697.4 万 m^3，缺水率分别为 10.75%、8.02%，2.99%；在 90%降水频率下，引黄灌区总需水量为 606235.3 万 m^3，缺水量为 97734.3 万 m^3，缺水率 16.12%，缺水严重，只有生活不缺水，农业、工业和生态缺水量分别为 86274 万 m^3、10299 万 m^3、1161.4 万 m^3，缺水率分别为 17.56%、15.52%、4.98%。缺水主要集中在工业和农业用水上。

引黄灌区各分区缺水情况：2025 年，各子区主要是农业和工业缺水。以银川市为例，75%降水频率下，2015 年总缺水量 9994.8 万 m^3，总缺水率 11.69%，农业缺水 8954.4 万 m^3，缺水率 13.92%，工业缺水 994 万 m^3，缺水率 9.40%，生态缺水 46.4 万 m^3，缺水率 3.04%；2025 年总缺水量 10883.7 万 m^3，总缺水率 12.33%，农业缺水 9211.1 万 m^3，缺水率 15.19%，工业缺水 1604 万 m^3，缺水率 10.72%，生态缺水 68.6 万 m^3，缺水率 3%。缺水原因主要有以下几个方面：

（1）2025 年与 2015 年相比总需水量在减少，原因是随着农业种植结构的调整、节水技术的应用等，农业用水量减少较多，随着人口的增加和社会经济的发展，工业、生活和生态用水量在增加，但是黄河的供水量也在逐渐减少，因此缺水问题仍然存在。

（2）农业方面，一是宁夏引黄灌区农田灌溉面积 80%以上采用传统的漫灌，滴灌、喷灌等节水技术的灌溉面积较小；二是宁夏引黄灌区降水量较少，也是造成农业缺水的主要原因。

（3）工业方面，一是供水水源相对单一，主要依靠开采地下水源来供水，工业污水的再利用程度低；二是煤炭、冶金、火电、化工等高耗水的工业用水比重较高，用水定额高，工业用水重复利用率较低。

7.4.3 配置目标结果分析

这里以社会、经济、环境为目标，具体为：以区域供水系统总缺水量最小为社会目标；经济目标取区域供水所带来的直接经济效益最大为目标；生态环境目标取区域 COD 排放量最小为目标。优化配置目标函数值见表 7-6。

表 7-6 宁夏引黄灌区水资源优化配置目标函数值

水平年	降水频率	$f_1(x)$ /万 m^3	$f_2(x)$ /万元	$f_3(x)$ /吨
2025	50%	4005	9246708	106490
	75%	57278	8428356	97462
	90%	97734	7920038	90720

由表 7-6 可知，2025 年降水频率由 50%变化到 90%，缺水量由 4005 万 m^3 增加到 97734 万 m^3，呈增加趋势；经济效益由 924.67 亿元减少到 792.00 亿元，呈减少趋势；COD 排放量由 106490 吨减少到 90720 吨，呈减少趋势。这 3 个目标之间的相互竞争、相互矛盾的，其中一个目标效益值改善是以牺牲另外两个目标值为代价的。

7.4.4 适用性分析

若相关的数据资料等信息发生变化，通过适当的修改程序，即可求得相应的优化配置结果。

粒子群算法容易操作、适用性强、所得结果合理，可为宁夏引黄灌区水资源管理和规划提供依据。

7.5 建议

（1）调整产业结构，提高水资源利用效率。依托于宁东煤炭基地、太阳山工业园区建设等，发挥宁夏煤炭资源优势，进一步做大做强能源化工产业；带动引黄灌区工业发展，提高水资源利用效率和效益，提高工业用水工艺水平和工业用水重复利用率，降低工业用水定额和工业万元增加值用水量。为了确保引黄灌区工业的迅速发展，必须执行节水型工业用水指标，随着社会经济的发展，工业用水不断增加，新增加的工业用水只能依靠工业自身节水改造和农业节水来解决，为了保证农业用水减少后不对农民收入造成损失，必须严格实行水权转换制度。引黄灌区根据农业增效和农民增收的需求，通过调整农业种植结构来提高水资源利用效率，在保证粮食安全的前提下，适当压减小麦套种玉米，扩大单种玉米；适当减少水稻种植面积，增加抗旱、节水作物及林果业的面积，大力推进节水农业、设施农业等，加快传统农业向现代农业的转变。

（2）积极推进节水型社会建设。充分运用经济手段、管理制度和节水的机制，提高全民自主节水意识。目前，引黄灌区的水资源利用效率和节水技术水平相对较低。城市用水首先要大力提高节水器具普及率，改善城市供水设施老化失修局面，尽可能多地利用中水作为湖泊湿地补水和城市绿化用水。节水措施的实施，不仅可以降低成本提高效益，而且也会极大地降低污水排放量。政府应在节水工程及节水器具的使用、中水再生水的利用、节水农业的推广等方面出台一定的奖励和扶持政策，提高水资源的优化配置和节水的发展。

（3）提高水资源综合利用效率。引黄灌区农业应增加地下水开采量，实施地表水与地下水联合运用的模式，并且不断改善土壤盐渍化，这样才能减少农业对引用黄河水的利用量，进而保证工业对黄河水的利用量，有效保证用水安全问题。

（4）污水处理设施运行管理。开放污水处理运营市场，建立健全市场准入和特许经营制度，通过市场竞争，推动污水处理行业健康发展。制定城市污水处理管理办法，规范城市污水处理的管理体制和运行机制，管网建设与管理，污水收集、接纳、输送、处理、处置及利用再生水的责任要求等，出台有利于污水处理厂正常运行的优惠政策。地方财政对污水处理厂给予财政支持，按规定足额征收污水处理费，保证污水处理厂正常运行。加大污水资源化利用的力度，合理确定再生水价格，利用价格政策鼓励生产企业利用再生水。

7.6 小结

本章对宁夏引黄灌区水资源优化配置模型的建立及求解过程进行了详细分析，同时对引黄灌区规划水平年2025年在不同降水频率（50%、75%、95%）下的水资源进行优化配置，并对配置方案进行分析，从而提出相应的对策建议。

第 8 章　结论及展望

8.1　研究成果

本书根据宁夏水资源人均占有量明显偏低、地域分布南少北多的特点，以宁夏引黄灌区为研究对象，用 SWAT 模型建立宁夏引黄灌区分布式水文模型，为供水预测提供基础，以大系统优化理论为基础，对宁夏引黄灌区的农业、工业、生活、生态用水需求进行深入调查分析，预测各行政区未来需水量，提出水资源优化配置方案，探索适宜于宁夏引黄灌区水资源优化配置的方法和对策，确定多目标优化配水方案，实现区域有限水资源量在各行政区、各用水部门的合理配置，为宁夏引黄灌区水资源的可持续利用和发展提供理论依据。主要研究成果如下：

（1）在查阅国内外水资源优化配置相关文献的基础上，对水资源优化配置的国内外研究进展进行了综述。收集宁夏引黄灌区的社会经济、水资源量及水资源开发利用等相关资料，分析宁夏引黄灌区的水资源及其开发利用现状，包括水资源的数量、时空分布规律、供用水现状及趋势，从而揭示水资源的供需矛盾，指出宁夏引黄灌区水资源开发利用中存在的问题。

（2）基于SWAT模型构建引黄灌区分布式水文模型，利用引黄灌区1990－2017年的气象、水文等资料进行模拟，以相对误差、相关系数和纳什效率系数 3 个指标为标准，采用 2006－2012 年青铜峡水文站和石嘴山水文站的实测月径流量、输沙量数据进行模型参数的调整。校准期内青铜峡水文站的月径流量实测值与模拟值的变化趋势基本一致，峰值位置吻合度较高，相对误差 R_e 在-12.98%和 14.58%之间，月均径流量相关系数 R^2 和 Nash-Suttcliffe 系数 *Ens* 分别为 0.86 和 0.83。校准期内石嘴山水文站的月径流量实测值与模拟值的变化趋势基本一致，峰值位置吻合度较高，相对误差 R_e 在-11.98%和 13.14%之间，月均径流量相关系数 R^2 和 Nash-Suttcliffe 系数 *Ens* 分别为 0.87 和 0.84。校准期内青铜峡水文站的月输沙量实测值与模拟值变化趋势基本一致，峰值位置吻合度较高，相对误差 R_e 在-19.95%和 22.58%之间，月均输沙量相关系数 R^2 和 Nash-Suttcliffe 系数 *Ens* 分别为 0.78 和 0.75。校准期内石嘴山水文站的月输沙量实测值与模拟值的变化趋势基本一致，峰值位置吻合度较高，相对误差 R_e 在-18.83%和 21.34%之间，月均输沙量相关系数 R^2 和 Nash-Suttcliffe 系数 *Ens* 分别为 0.79 和 0.76。

采用 2013－2017 年青铜峡和石嘴山水文站的月实测径流流量和输沙量数据进行模型验证，应用模型参数率定过程中所得到的参数，并采用相对误差、相关系数 R^2 和 Nash-Suttcliffe 系数 *Ens* 对模型的验证结果进行评价。验证期内青铜峡水文站的月径流量实测值与模拟值相对误差 R_e 在-13.23%和 14.67%之间，月均径流量相关系数 R^2 和 Nash-Suttcliffe 系数 *Ens* 分别为 0.88 和 0.86。验证期内石嘴山水文站的月径流量实测值与模拟值的相对误差 R_e 在-12.09%和 13.97%之间，月均径流量相关系数 R^2 和 Nash-Suttcliffe 系数 *Ens* 分别为 0.89 和 0.85。验证期内青铜峡水文站的月输沙量实测值与模拟值的相对误差 R_e 在-19.87%和 22.59%之间，月均输沙量相关系数 R^2 和 Nash-Suttcliffe 系数 *Ens* 分别为 0.77 和 0.75。验证期内石嘴山水文站的月输沙量实测值与模拟值的相对误差 R_e 在-18.83 和%-21.57%之间，月均输沙量相关系数 R^2 和 Nash-Suttcliffe 系数 *Ens* 分别为 0.78 和 0.75。经验证，所建模型合理、可行。

（3）用已经建立好的 SWAT 模型对引黄灌区气候变化和土地利用变化对径流的影响进行了研究，流域内径流量与气温呈负相关关系，与降水呈正相关关系。流域降水变化对径流的影响程度大于温度对径流的影响。不同土地利用类型产流量排序为耕地>林地>草地，流域的土地利用变化对汛期和夏季径流较敏感。

（4）对宁夏引黄灌区的各项社会经济发展指标进行预测，进而对引黄灌区的生活、工业、农业及生态需水量进行预测，从而预测宁夏引黄灌区2025年在不同降水频率（50%、75%、95%）下的总需水量和可供水量。在考虑节水措施的基础上，对引黄灌区规划水平年的水量进行供需平衡分析，结果表明：在50%降水频率下，引黄灌区的总供水量基本能够满足2025年的用水需求，2025年引黄灌区缺水量为0.40亿m^3，缺水率为0.71%；在75%降水频率下，引黄灌区的总供水量不能满足2025年的用水需求，2025年引黄灌区缺水量为5.73亿m^3，缺水率为9.68%；在90%降水频率下，引黄灌区的缺水量继续呈上升趋势，总供水量不能满足2025年的用水需求，2025年引黄灌区缺水量为9.77亿m^3，缺水率为16.12%。

（5）根据水资源优化配置的理论及原则，以经济、社会、环境为目标，给出模型参数的确定方法，进而建立宁夏引黄灌区水资源优化配置模型，利用改进的粒子群算法对模型进行求解，得出规划水平年2025年分别在不同降水频率（50%、75%、95%）下工业、农业、生活及生态的水资源优化配置方案，并对配置结果进行分析，从而提出对水资源合理利用的对策和建议。

8.2 主要创新点

（1）基于SWAT模型构建宁夏引黄灌区分布式水文模型。考虑气象、水文、土地利用、土壤等因素，基于地理信息系统（GIS）和数字高程模型（DEM）实现引黄灌区的数字化，并划分了流域的计算单元，从而构建了引黄灌区的分布式水文模型。

（2）运用SWAT模型探明了气候和土地利用变化对宁夏引黄灌区径流的影响规律。

（3）对于宁夏引黄灌区水资源优化配置模型，用基于种群熵的具有衰落扰动指数的粒子群算法对该多目标模型进行求解，改进的算法有效增强了算法跳出局部最优的能力，对算法的局部最优和全局最优进行了有效均衡，从而确保所得解为全局最优解。

8.3 展望

水资源优化配置是非常复杂的，随着社会经济的快速发展，人口数量也随之增加，水资源的需求量在不断增加，但是水资源的总量却是有限的，从而对水资源的量和质的要求会越来越高。我们只有加强在水资源优化配置理论和方法方面的研究，才能协调好经济、社会、环境三者之间的关系，促进社会的可持续发展。考虑到研究的不足之处和将来的发展趋势，今后需要重点深入研究以下几个方面的内容：

（1）区域水资源优化配置模型中社会目标和环境目标的量化问题，这也是以往研究的一个难点问题。这里社会目标以研究区域的缺水量作为度量，环境目标以重要污染物化学需氧量（COD）的排放量为度量，这种量化方法相对比较片面，不能准确反映两个目标的效益。因此，如何准确、全面地界定社会目标和环境目标将是今后仍需继续研究的内容。

（2）水资源优化配置模型不可忽视不确定因素的影响，为使当今的决策在今后多变的条件下较好地发挥模型的预定功能及作用，还要加强对处理随机因素影响的模型方法和技术的研究。

（3）影响流域径流的主要因素是气候和下垫面，但由于土地利用数据的欠缺，这里没有分析当年的土地利用变化情况。如果能够利用连续时间系列的 RS 数据来生成各年甚至各月的土地利用数据，相信模拟精度将会有很大提高。

（4）SWAT 模型是通用模型，针对不同地区的不同特点，还需要对该模型不断进行改进以用于不同地区流域的模拟和不同类型的水文模拟。

（5）水资源优化配置越来越复杂，对模型求解优化算法的要求越来越高，所以对优化算法求解多目标模型的研究还需要继续深入。

由于时间和精力有限，还有很多内容需要今后做进一步的研究。鉴于作者水平有限，文中难免有不尽如人意的地方，恳请各位专家、读者不吝赐教，以期更加完善。

参考文献

[1] 钱正英，张光斗．中国可持续发展水资源战略研究综合报告及各专题报告[M]．北京：中国水利水电出版社，2001．

[2] 朱一中．西北地区水资源承载力理论与方法研究[D]．北京：中国科学院地理科学与资源研究所，2004．

[3] 晓晨．每天 6000 儿童死于水污染[N]．中国青年报，2002-03-25（6）．

[4] UNCED. Ageda 21. Chapter 18. Earth Eummit'92. London: The Regene Press Corporation, 1992, 157-172.

[5] WCED. Sustainable Development and water. Statement on the WCED Report "Our Common Future". Water International. 1989, 14(3): 151-152.

[6] 汪党献，王浩，马静．中国区域发展的水资源支撑能力[J]．水利学报，2000（11）：21-26．

[7] A. K. Biswas. Water for Sustainable Development in the 21st Century[J]. President's Address to 7th World Congress on Water Resources. Morocco. Water International. 1991, 16(4): 219-224.

[8] 王成梓，伊政伟．水资源危机与国际争端[J]．东北水利水电，2003，21（1）：17-19．

[9] 曾肇京，石海峰．中国水资源利用发展趋势合理性分析[J]．中国水利，2000（8）：45-48．

[10] 姜文来．中国 21 世纪水资源安全对策研究[J]．水科学进展，2001，12（3）：66-71．

[11] 成建国．水资源规划与水政水务管理实务全书（上）[M]．北京：中国环境科学出版社，2001．

[12] 刘昌明．21 世纪中国水资源问题的战略[M]．北京：科学出版社，1996．

[13] 汪恕诚．水权和水市场——谈实现水资源优化配置的经济手段[J]．水电能

源科学，2001，19（1）：1-5.

[14] 索丽生. 我国可持续发展水资源战略[J]. 学会月刊，2001（11）：15-16.

[15] 汪恕诚. 实现工程水利到资源水利的转变[J]. 中国水利报，1999（3）：3-5.

[16] 孙翠清. 区域水资源优化配置的控制论模型[M]. 河海大学，2005.

[17] 李雪萍. 国内外水资源配置研究综述[J]. 海河水利，2002（5）：13-15.

[18] 吴泽宁，索丽生. 水资源优化配置研究进展[J]. 灌溉排水学报，2004，23（2）：1-5.

[19] HEC-5 simulation of flood control and conservation system user's manual. U. S. Army Corps of Engineers，Hydrologic Engineering Center，Davis，Calif. 1982.

[20] D. M. Murray，S. J. Yakowitz. Constrained differential dynamic programming and its application to multireservoir control[J]. Water Resources Res., 1979, 15(5): 1017-1027.

[21] G. Kucaera，G. Diment. General water supply system simulation model[J]. Journal of Water Resources Planning and Management, 1988, 114(4): 365-382.

[22] D. P. Loucks，K. A. Salewicz，T. M. RIRIS. An interactive river system simulation program, User's manual[M]. Cornell University, Ithaca, N. Y. 1990.

[23] J. M. Antle, S. M. Capallo. Physical and economic model integration for measurement of environmental impacts of agricultural use[J]. Journal of Agric Resour Econ., 1991, 20(3): 62-68.

[24] 尤祥瑜，谢新民，孙仕军等. 我国水资源配置模型研究现状与展望[J]. 中国水利水电科学研究院学报，2004（2）：131-140.

[25] L. Becker, W. W-G. Yeh. Optimization of real time operation of multiple reservoir system[J]. Water Resoures 1974, 10(6):1107-1112.

[26] Y. Y. Haimes，W. A. Hall，H. T. Freedman. Multiobjective optimization in water resources systems[C]. The surrogate worth tradeoff method，Development in Water Science, 1975.

[27] 黄永基，马清珍. 区域水资源供需分析方法[M]. 南京：河海大学出版社，1990.

[28] J. Kozlowski. Threshold. Approach in Urban Regional and Environmental Planning Theory and Practice[M]. St.lucia.(Queenland.Australia):University of

Queenland Press, 1986.

[29] E. Romijn, M. Taminga. Multi-objective Optimal Allocation of Water Resourcees[J]. Water resources planning and management, ASCE, 1982, 108（2）: 217-229.

[30] P. W. Herbertson, W. J. Dovey. The Allocation of FreshWater Resources of a Tidal esutay Optimal Allocation of Water Resources(Proceedings of the Enter Symposium)1982, 135.

[31] Pearson. Approach in Urban Regional and Environmental PlanningTheory and Practice[M]. St.lucia.(Queenland.Australia):University of Queenland Press, 1982.

[32] 孙枢，李晓波．我国资源与环境科学近期发展战略．中国科学院地质与地球物理研究所，《中国基础学科发展报告》，2001．

[33] R. Wi1115llis, W. GYeh. Groundwater system Planning and management[C]. New Jersey Prentice Hall, 1987.

[34] 甘泓等．水资源合理配置浅析[C]．2002 年中国水科院学术讨论论文集，中国水利水电科学研究院，2002．

[35] Afzal Javaid，H. Noble David. Optimization model for alternative use of different quality irrigation waters[J]. Journal of Irrigation and Drainage, 1992, 118(2): 218-228.

[36] W. Watkins David，J. M. Kinney，D. C. Robust. Optimization for incorporating risk and uncertainty in a sustainable water resources planning[J]. International Association of Hydrological Sciences，1995, 231(13): 225-232.

[37] V.Rao vemuri and C. walter. New genetic algorithm for multi-objective optimization in water resource management[J]. Proceedings of the IEEE Conference on Evolutionary Computation, 1995, 495-500.

[38] Carlos Pereia, Gideon Oron. Optimal Operation of Regional System with Diverse Water Quality Sources[J]. Journal of Water Resources Planning and Management，1997, 203(5):230-237.

[39] H. S. Wong, N. Z. Sun. Optimization of conjunctive use of surface waterand groundwater with water quality constraints[A]. Proceedings of the Annual Water

Resources Planning and Mangaement Conefrence Apr 6-9[C], sponsored byASCE, 1997: 405-413.

[40] M. Wang, C. Zheng. Groundwater management optimization using genetic algorithms and simulated annealing：Formulation and Comparison[J]. Journal of the American Water Resources Association, 1998, 34(3): 519-530.

[41] Kumar, A. Minoeha, K. vijay. Fuzzy optimization model for water quality mnagaement of a river system[J]. Journal ofvWater Resources Planning and Management, 1999, 125(3): 179-180.

[42] Morshed, Jahangir, Kaluarachchi, J. Jagath. Enhancements to genetic algorithm for optimal groundwater management[J]. Journal of Hydrologic Engineering, 2000, 51: 67-73.

[43] K. Fedora. GIS and simulation models for water resources management：A case study of the Kelantan River，Malaysia[J]. GIS Development, 2002, 6: 39-43.

[44] D. C. Mc Kinney, X. Cai. Linking GIS and water resources management models：an object-oriented method[J]. Environmental Modeling and Software, 2002, 17(5): 413-425.

[45] J. A. Ahmd, A.G. Sarm. Genetic algorithm for optimal operating policy of a multipurpose reservoir[J]. Water Resources Management, 2005, 19(2): 145-146.

[46] D. Khare, M. K. Jat, J. Deva Sunder. Assessment of water resources allocation options: onjunctive use planning in a link canal command[J]. Resources, Conservation and Recycling, 2007, 51(2):487-506.

[47] D. Rani, S. K. Jain, D. K. Srivastava. 3-Genetic Algorithms and Their Applications to Water Resources Systems[J]. Metaheuristics in Water, Geotechnical and Transport Engineering, 2013, 43-78.

[48] L. Read, K. Madani, B. Inanloo. Optimality versus stability in water resource allocation[J]. Journal of Environmental Management, 2014, 133: 343-354.

[49] 谭维炎，黄守信，刘健民等．应用水机动态规划进行水电站水库的最优调度[J]．水利学报，1982（7）：1-7．

[50] 吴信益．模糊数学在水库调度中的应用[J]．水力发电，1983（5）：13-17．

[51] 鲁子林．水库群调度网络分析法[J]．华东水利学院学报，1983（4）：35-48．

[52] 张勇传，邴凤山，熊斯毅．模糊集理论与水库优化问题[J]．水电能源科学，1984，2（1）：27-37.

[53] 王丽萍，冯尚友．长期发电水库的优化调度方法—网络模矢法[J]．水电能源科学，1986， 4（2）：117-126.

[54] 吴炳方，朱光熙，孙锡衡．多目标水库群的联合调度[J]．水利学报，1987（2）：43-51.

[55] 胡振鹏，冯尚友．汉江中下游防洪系统实时调度的动态规划模型和前向卷动决策方法[J]．水利水电技术，1988（1）：1-9.

[56] 白宪台，龙子泉，关庆滔等．平原湖区除涝优化调度的随机方法[J]．水电能源科学，1990，8（2）：163-171.

[57] 刘健民，张世法，刘恒．京津唐地区水资源大系统供水规划和调度优化的递阶模型[J]．水科学进展，1993，4（2）：98-105.

[58] 陈守煜，邱林．水资源系统多目标模糊优选随机动态规划及实例[J]．水利学报，1993（8）：43-48.

[59] 费良军，施丽贞，孙世金等．蓄、引、提、灌溉及发电水资源系统的联合优化调度研究[J]．水利学报，1993（9）：32-37.

[60] 翁文斌，蔡喜明，史慧斌等．宏观经济水资源规划多目标决策分析方法研究及应用[J]．水利学报，1995（2）：1-11.

[61] 董新光，郭西万，邓铭江．流域水资源规划的系统模型—以新疆玛纳斯河流域规划为例[J]．灌溉排水，1997，16（3）：7-11.

[62] 王士武，杨春福，高至今等．水资源系统实时调度[J]．黑龙江水专学报，1997（3）：45-47.

[63] 冯尚友，刘国全．水资源持续利用的框架[J]．水科学进展，1997，8（4）：301-307.

[64] 邵东国．多目标水资源系统自优化模拟实时调度模型研究[J]．系统工程，1998，16（5）：19-25.

[65] 齐学斌，赵辉，王景雷．商丘实验区引黄水、地下水联合调度大系统递阶管理模型研究[J]．灌溉排水，1999，18（4）：36-39.

[66] 黄勇．江河流域开发模式与澜沧江可持续发展研究[J] 、. 地理学报，1999，54（1）：119-125.

[67] 陈守煜，周惠成．黄河防洪决策支持系统多目标多层次对策方案的模糊优选[J]．水电能源科学，1992，10（2）：95-101．
[68] 翁文斌，蔡喜明．京津唐水资源规划决策支持系统研究[J]．水科学进展，1992，3（3）：190-198．
[69] 胡四一，宋德敦，吴永祥等．长江防洪决策支持系统总体设计[J]．水科学进展，1996，7（4）：283-294．
[70] 张壬午，计文瑛，成为民．农田生态系统中水资源利用价值核算方法初探[J]．农业环境保护，1998，17（2）：60-62．
[71] 马彦琳．新疆农业可持续发展问题研究[J]．干旱区地理，1998，21（4）：49-54．
[72] 冯尚友, 梅亚东．水资源持续利用系统规划[J]．水科学进展，1998，9（1）：1-6．
[73] 吕昕, 朱瑞君．新疆水资源与新疆经济的可持续发展[J]．新疆大学学报（自然科学版），2000，17（1）：87-90．
[74] 陈守煜．区域水资源可持续利用评价理论模型与方法[J]．中国工程科学，2001，3（2）：33-38．
[75] 贺北方, 周丽, 马细霞等．基于遗传算法的区域水资源优化配置模型[J]．水电能源科学，2002，20（3）：10-13．
[76] 冯耀龙，韩文秀，王宏江等．面向可持续发展的区域水资源优化配置研究[J]．系统工程理论与实践，2003（2）：133-138．
[77] 乔西现，何宏谋，张美丽．西北地区水资源配置与管理的思考[J]．西北水资源与水工程，2000，11（4）：1-6．
[78] 马斌，解建仓，阮本清等．基于构件式的水资源调度管理模式及其应用研究[J]．水利学报，2000（12）：26-30．
[79] 方红远, 邓玉梅, 董增川. 多目标水资源系统运行决策优化的遗传算法[J]. 水利学报，2001（9）：22-27．
[80] 尹明万，谢新民，王浩等．基于生活、生产和生态环境用水的水资源配置模型[J]．水利水电科技进展，2004，24（2）：5-9．
[81] 张保生，纪昌明，陈森林．多元线性回归和神经网络在水库调度中的应用比较研究[J]．中国农村水利水电，2004（7）：29-32．

[82] 贾仰文，王浩，仇亚琴等. 基于流域水循环模型的广义水资源评价（I）——评价方法[J]. 水利学报，2006，37（9）：1051-1055.

[83] 裴源生，张金萍. 广义水资源合理配置总控结构研究[J]. 资源科学，2006，28（4）：166-121.

[84] 赵勇，陆垂裕，肖伟华. 广义水资源合理配置研究（II）——模型[J]. 水利学报，2007，38（2）：163-170.

[85] 裴源生，赵勇，张金萍. 广义水资源高效利用理论与实践[J]. 水利学报，2009，40（4）：442-448.

[86] 朱长军，杨卫华，李树文. 区域水资源可持续量化分析研究——以邯郸地区为例[J]. 地质与资源，2005，14（1）：58-60.

[87] 张国华，张展羽，邵光成等. 基于粒子群优化算法的灌溉渠道配水优化模型研究[J]. 水利学报，2006，37（8）：1004-1009.

[88] 张展羽，高玉芳，李龙昌等. 沿海缺水灌区水资源优化调配耦合模型[J]. 水利学报，2006，37（10）：1246-1253.

[89] 裴源生. 宁夏经济生态系统水资源合理配置研究[J]. 中国水利，2006（11）：19-25.

[90] 顾文权，邵东国，黄显峰等. 水资源优化配置多目标风险分析方法研究[J] . 水利学报，2008，39（3）：339-345.

[91] 苏明珍，董增川，张媛慧等. 大系统优化技术与改进遗传算法在水资源优化配置中的应用研究[J]. 中国农村水利水电，2013（11）：52-56.

[92] 刘士明，于丹. 基于第二代非支配排序遗传算法（NSGA－II）的水资源优化配置[J]. 水资源与水工程学报，2013，24（5）：185-188.

[93] 黄伟. 基于自适应遗传算法的水资源优化配置研究[J]. 人民黄河，2010，32（8）：63-64.

[94] 侍翰生，程吉林，方红远等. 基于动态规划与模拟退火算法的河-湖-梯级泵站系统水资源优化配置研究[J]. 水利学报，2013，44（1）：91-95.

[95] 岳剑飞，杨军耀，张乾业. 基于改进蚁群算法的太原市受水区水资源优化配置[J]. 水电能源科学，2013，31（9）：39-41.

[96] 马赟杰. 基于混沌差分进化算法的灌区水资源优化配置研究[D]. 武汉：长江科学院，2012.

[97] 刘德地，王高旭，陈晓宏等. 基于混沌和声搜索算法的水资源优化配置[J]. 系统工程理论与实践，2011，31（7）：39-41.

[98] 解建仓，廖文华，荆小龙等. 基于人工鱼群算法的浐灞河流域水资源优化配置研究[J]. 西北农林科技大学学报（自然科学版），2013，41（6）：221-226.

[99] 黄强，乔西现，刘晓黎. 江河流域水资源统一管理理论与实践[M]. 北京：中国水利水电出版社，2008.

[100] 邵东国，郭宗楼. 综合利用水库水量水质统一调度模型[J]. 水利学报，2000（8）：10-15.

[101] 吴泽宁，索丽生. 水资源优化配置研究进展[J]. 灌溉排水学报，2004，23（2）：1-5.

[102] 杜守建，傕振才. 区域水资源优化配置与应用[J]. 郑州：黄河水利出版社，2009.

[103] 王顺久. 中国水资源优化配置研究的进展与展望[J]. 水利发展研究，2002（9）：1-3.

[104] 赵斌，董增川，徐德龙. 区域水资源合理配置分质供水及模型[J]. 人民黄河，2004，26（6）：14-15.

[105] 甘泓，李令跃，尹明万. 水资源合理配置浅析[J]. 中国水利，2000（4）：20-23.

[106] J. E. Nash, J. V. Sutcliffe. River flow forecasting through conceptual models, part I, A discussion of principles. Journal of Hydrology, 1970(10):282-290.

[107] 粟晓玲，康绍忠. 干旱区面向生态的水资源合理配置研究进展与关键问题[J]. 农业工程学报，2005，21（1）：167-171.

[108] J. G. Arnold, R. Srinisvan, R. S. Muttiah et al. Large area hydrologic modeling and assessment. Part I: model development [J]. Journal of the American Water Resources Association, 1998, 34(1): 73-89.

[109] 肖军仓，周文斌，罗定贵等. 非点源污染模型——SWAT 模型用户应用指南. 北京：地质出版社，2010：138-139.

[110] L. Ringius, T. E. Downing, M. Hulme et al. Climate change in Africa: Issue and challenges in Agriculture and water for Sustainable evelopment. CICERO Report[R]. University of Oslo, Norway, 1996:151.

[111] IPCC. IPCC Fourth Assessment Report（AR4）[R]. http: //ipcc-wg1. ucar. edu/wg1 /wg1-report. Htm, l 200.

[112] 江志红，张霞，王冀．IPCC-AR4 模式对中国 21 世纪气候变化的情景预估[J]．地理研究，2008，27（4）：787-799.

[113] 史培军，宫鹏，李晓兵等．土地利用与覆被变化的研究方法与实践[M]．北京：科学出版社，2000.

[114] 张志强，余新晓，赵玉涛等．林对水文过程影响研究进展[J]．应用生态学报，2003，14（1）：113-116.

[115] H. Bormann, L. Breuer, T. Grff et al . Analysing the Effects of Soil PropertiesChanges Associated with Land Use Changes on the Simulated Water Balance: A Comparison of Three Hydrological Catchment Models for Scenario Analyses[J]. Ecological Modeling, 2007(1): 29 – 40.

[116] 庞靖鹏，刘昌明，徐宗学．密云水库流域土地利用变化对产流和产沙的影响[J]．北京师范大学学报：自然科学版，2010，46（3）：290 -298.

[117] 李亮，孙廷容，黄强等. 灰色 GM(1,1)和神经网络组合的能源预测模型[J]. 能源研究与利用，2005（1）：7-13.

[118] 李勋贵，黄强，魏霞等. 基于 IGA-GP 的 BP 网络黄河流域需水预测研究[J]. 西北农林科技大学学报（自然科学版），2005（3）：29-33.

[119] 水利部水利水电规划设计总院．全国水资源综合规划技术大纲[Z]．北京：水利部水利水电规划设计总院，2002.

[120] 尚松浩．水资源系统分析方法及应用[M]．北京：清华大学出版社，2006.

[121] 翁文斌，王忠静，赵建世．现代水资源规划——理论、方法和技术[M]．北京：清华大学出版社，2004.

[122] 钱正英，张光斗．中国可持续发展水资源战略研究综合报告及各专题报告[M]．北京：中国水利水电出版社，2001.

[123] 关业祥．水资源合理配置的基本思路[J]．中国水利，2002（5）：25.

[124] 张文鸽．区域水质水量联合优化配置研究[D]．郑州：郑州大学，2003.

[125] 杨晓华，沈珍瑶．智能算法及其在资源环境系统建模中的应用[M]．北京：北京师范大学出版社，2005.

[126] H. Muhlebein, M. Gorges-Schleuter, O. Kramer. Evolution algorithms in

combinatorial optimization [J]. Parallel Computing, 1988(7): 65-85.

[127] S. Kirkpatrick, C. D. Gelatt Jr, M. P. Vecchi. Optimization by simulated annealing [J]. Science, 1983, 220: 671-680.

[128] E. H. L Aarts, P. J. M Van Laarnoven. Simulated annealing: Theory and application[M]. Dordrecht: D Reidel Publishing Company, 1987.

[129] S. Anily, et al. Probabilistic analysis of simulated annealing methods[M]. New York: Graduate School of Business, Golunmbia Unibersity, 1985.

[130] 金菊良，丁晶．遗传算法及其在水科学中的应用[M]．成都：四川大学出版社，2000．

[131] k. Deb. Genetic algorithms in multi-model function optimization[D]. Alabama:University of Alabama, 1989.

[132] 周明，孙树栋．遗传算法原理及应用[M]．北京：国防工业出版社，2001．

[133] D. E. Goldberg, J. Richardson. Genetic algorithms with sharing for multimodel function optimization[C]. In: Proceeding of the 2nd international conference on genetic algorithms and their applications. Hillsdale, NJ: Lawrence Erlbaum, 1987: 41-49.

[134] J. Hopfield, D. Tank. 'Neural' computation of decisions in optimization problems [J]. Bioloical Cybernetices, 1985(52):141-152.

[135] J. Hopfield, D. Tank. Computing with neural circuits: a model [J]. Science, 1986(233): 625-633.

[136] J. McClelland, D. Rumelhart. Exploration in parallel distributed processing[M]. Combridge, MA: MIT Press,1988.

[137] 邢文训，谢金星．现代优化计算方法[M]．北京：清华大学出版社，2000．

[138] R. Hooke, T. A. Jeeves. "Direct search" solution of numerical and statistical problems [J]. J. Ass. Comput. Mach, 1961(8): 212-229.

[139] H. H. Rosenbrock. An automatic method for finding the greatest or least value of a function [J]. Comput. J. , 1960(3): 175-184.

[140] J. D. Powell M. An efficient method for finding minimum of a function of several variables without calculating derivatives [J]. Comput. J. ,1964(7): 162-188.

[141] W. Spendley, G. R. Hext, F. R. Himsworth. Sequential application of simples designs in optimization and evolutionary operation [J]. Technometrics, 1962(4): 441-461.

[142] D. W. Marquardt. An algorithm for least squares estimation of nonlinear parameters [J]. SIAMJ. , 1963(11): 431-441.

[143] F. Glover. Future paths for interger programming and links to artificial intelligence [J]. Computers and Operations Research, 1986(13): 533-549.

[144] 倪长健．免疫进化算法[J]．西南交通大学学报，2003，38（1）：87-91.

[145] J. Kennedy, R. Eberhart. Particle Swarm optimization[C]. Proc IEEE Int Conf on Neural Networks, Perth, Australia, 1995:1942-1948.

[146] R. C. Eberhart, Y. Shi. Particle Swarm optimization: developments, applications and resources[A]. Proceedings of the IEEE Congress on Evolutionay Computation[C]. Piscataway, NJ: IEEE Service center, 2001: 81-86.

[147] K. Dev. Optimization for engineering design:algorithms and examples, Prentice-Hall, New Delhi, 1995.

[148] R. E. Steuer. Multiple criteria optimization: theory, computation and application, Wiley, New York, 1996.

[149] X. Hu, R. C.Eberhart, and Y. Shi. Particle swarm with extended memory for multiobjective optimization[C]. Proceedings of the IEEE Swarm Intelligence Symposium 2003, Indianapolis, Indiana, USA, 2003:193-197.

[150] R.Cheng and M. Gen. A survey of genetic multiobjective optimizations, Technical report, Ashikaga Institute of Technology, 1998.

[151] K. E. Parsopoulos and M. N. Vrahatis. Particle swarm optimization method in multiobjective problems[C]. Proceedings of the ACM Symposium on Applied Computing 2002: 603-607.

[152] P. J. Fleming. Computer aided control system using a multi-objective optimization approach[C]. In proc. IEE Control'85 Conference, Cambridge U. K., 1985:174-179.

[153] Yaochu jin, Tatsuya Okabe and Bernhard Sendhoff. Dynamic Weighted Aggregation for Evolutionary Multi-Objuctive Optimization: Why Does It Work

and How?[C]. Proceedings of the Genetic and Evolutionary Computation Conference, 2001:1042-1049.

[154] Y. Jin, T. Okabe and B. Sendhoff. Adapting weighted aggregation for multi-objective evolution strategies[C]. First International Conference on Evolutionary Multi-criterion optimization, Lecture Notes in Computer Science, Springer, 2001:96-110.

[155] R. C. Eberhart, Y. Shi. Comparing intertia weirhts and constriction factors in particle swarm optimization[J]. Congress on evolutionary computing, 2000(1): 84-88.

[156] H. Y. Fan, Y. H. Shi. Study of V_{max} of the Particle Swarm Optimization Algorithm[R]. Proceedings of the Workshop on PSO Indianapolis: Purdue School of Engineering and Technology, INPUI, 2001: 165-173.

[157] J. Kennedy. The behavior of particles[C]. 7th Annual Conference on evolutionary programming, San Diego, USA, 1998.

[158] J. Kennedy. The Particle Swarm: Social Adaptation of Knowledge[C]. IEEE International Conference on Evolutionary Computation (Indianapolis, Indiana), IEEE Service Center, Piscataway, NJ, 1997:303-308.

[159] A. Carlisle, G. Dozier. An Off-The-Shelf PSO[J]. Proceedings of the 2001 Workshop on Particle Swarm Optimizationg, Indianapolis, IN, 2001:1-6.

[160] Y. Shi and R. C. Eberhart. Empirical Study of Particle Swarm Optimization. Congress on Evolutionary Computing, 1999, 3: 1945-1950.

[161] R.V. Rao, V.K. Patel. Thermodynamic optimization of cross flow plate-fin heat exchanger using a particle swarm optimization algorithm[J]. International Journal of Thermal Sciences, 2010, 49: 1712-1721.

[162] R.J. Kuo, Y.S. Han. A hybrid of genetic algorithm and particle swarm optimization for solving bi-level linear programming problem - A case study on supply chain model [J]. Applied Mathematical Modelling, 2011, 35: 3905-3917.

[163] A.A. Mousa, M.A. El-Shorbagy, W.F. Abd-El-Wahed. Local search based hybrid particle swarm optimization algorithm for multiobjective optimization[J]. Swarm and Evolutionary Computation, 2012(3): 2-14.

[164] Kun Fan, Weijia You, Yuanyuan Li. An effective modified binary particle swarm optimization (mBPSO) algorithm for multi-objective resource allocation problem (MORAP) [J]. Applied Mathematics and Computation, 2013(221): 257-267.

[165] X. Hu and R. C. Eberhart. Solving constrained nonlinear problems with particle swarm optimization[C]. Proceedings of the Sixth World Multiconference on Systemics, Cybernetics and Informatics 2002, Orlando, USA, 2002.

[166] K. E. Parsopoulos and M. N. Vrahatis. Particle swarm optimization method for constrained optimization problems[C]. Proceedings of the Euro-International Symposium on Computational Intelligence, 2002.